DeepSeek实操

职场效率倍增的秘籍

苏江　温洁◎著

华龄出版社
HUALING PRESS

图书在版编目（CIP）数据

DeepSeek 实操 ：职场效率倍增的秘籍 / 苏江，温洁著. -- 北京 ：华龄出版社，2025. 3. -- ISBN 978-7-5169-2997-1

Ⅰ. TP18

中国国家版本馆 CIP 数据核字第 2025KT0579 号

策　　划	余金保	责任印制	李未圻
责任编辑	王　旺	装帧设计	杨　跃

书　名	DeepSeek 实操：职场效率倍增的秘籍	作　者	苏　江　温　洁
出　版 发　行	华龄出版社 HUALING PRESS		
社　址	北京市东城区安定门外大街甲 57 号	邮　编	100011
发　行	（010）58122255	传　真	（010）84049572
承　印	三河市腾飞印务有限公司		
版　次	2025 年 3 月第 1 版	印　次	2025 年 3 月第 1 次印刷
规　格	710mm × 1000mm	开　本	1/16
印　张	12	字　数	98 千字
书　号	ISBN 978-7-5169-2997-1		
定　价	79.80 元		

目录

第 1 章

DeepSeek 背景与企业 AI 转型机遇

1.1 DeepSeek 的技术概述

1. DeepSeek 的定义与核心技术特点

DeepSeek 是一家 2023 年成立于杭州的 AI 公司，由曾共同创立中国顶级对冲基金幻方量化（High-Flyer Quant）的梁文峰创建。DeepSeek 不仅仅是一家公司的名称，也是其开发的一系列领先 AI 模型的品牌。简单来说，DeepSeek 是一套开源的大型语言模型，它通过创新技术和高效架构，在保持强大性能的同时大幅降低了开发和使用的成本。

DeepSeek 最重要的核心技术理念是“效率优先”。与其他需要海量算力和资金投入的模型不同，DeepSeek 团队以工匠精神精心优化每一个技术环节，即使在算力受限的情况下也能构建出性能卓越的模型。这种效率不仅体现在开发阶段，也延续到了模型的实际运行中，让企业用户能以更低的成本获得高质量的 AI 服务。

DeepSeek 的突出特点是开源策略。大部分 DeepSeek 都采用 MIT 许可证发布，这意味着无论学术研究还是商业应用，都可以自由使用这些模型。这种开放性促进了技术的广泛应用和社区创新，也让没有巨额研发预算的中小企业有机会利用顶级 AI 技术进行业务创新。

2. DeepSeek 的架构与能力边界

DeepSeek 的旗舰模型，如 DeepSeek-V3 和 DeepSeek-R1，采用了一系列创新架构。最重要的是混合专家 (MoE) 系统，这是一种资源高效的架构。以 DeepSeek-V3 为例，虽然总共拥有 671 亿个参数，但对任何特定任务，它只会激活约 37 亿个参数——这就像一个拥有数百名专家的公司，但每个项目只调动最相关的几十位专家一样，既保证了专业性，又节约了资源。

DeepSeek 采用的多头潜在注意力 (MLA) 机制能够同时处理文本的多个方

面，捕捉细微的关系，这让模型更擅长理解复杂的语境和概念关联。同时，它还采用了 FP8 混合精度框架，这是一种在保持计算准确性的同时降低资源消耗的技术，就像是在保持画质的同时减小图片文件大小。

在能力边界方面，DeepSeek 模型支持最多 128K 个 token 的处理，这相当于一次能处理约 10 万字的文本内容——足以容纳一本中等长度的小说。这种长文本处理能力使它特别适合复杂文档分析、长对话维持和深度研究等企业场景。

在最近的 DeepSeek-R1 中，其推理能力（也就是从已知信息推断出新结论的能力）得到了显著增强，体现为“长思维链”——就像人类解决复杂问题时的详细思考过程，而不是直接给出结果。这让模型在解决需要多步骤推理的复杂问题时表现卓越。

3. DeepSeek 与其他主流大语言模型的比较

与市场上其他主流大语言模型相比，DeepSeek 具有如下几个显著优势。

第一个是性价比。据报道，DeepSeek-R1 的开发成本仅约 6 万美元，与竞争对手动辄数十亿美元的投入形成鲜明对比。这种效率也反映在 API 定价上——每百万输入 token 收费 0.14 美元，每百万输出 token 收费 0.28 美元，显著低于市场平均水平。对企业用户而言，这意味着同样的 AI 预算能够支持更多、更广泛的应用场景。

第二个是开源透明。与许多闭源商业模型不同，DeepSeek 的开源性质让企业用户可以根据自身需求进行调整和优化。对关注数据安全和隐私的企业来说，这意味着可以在自己的服务器上部署模型，避免敏感信息外泄的风险。

第三个是性能表现。在多项权威基准测试中，DeepSeek 展现了令人印象深刻的能力。例如，DeepSeek-R1 在美国数学邀请赛（AIME）测试中达到了 79.8% 的通过率，略高于 OpenAI 的 o1 模型；在 MATH-500 问题集上取得了 97.3% 的成绩；在代码编程能力方面获得了 2 029 Elo 评级，超过 96.3% 的人类参与者。这些成绩证明，即使是开源且成本较低的模型，也能达到甚至超越闭源商业模型的性能水平。

4. DeepSeek 的发展路线

DeepSeek 的发展路线清晰展示了其技术进步和能力拓展的轨迹。最初的 DeepSeek 奠定了基础架构，随后的 DeepSeek-V2 引入了 MLA 机制，显著提升了模型处理长文本的能力，同时优化了内存使用效率。

DeepSeek-V3 进一步优化了模型架构，引入了神经稀疏注意力（NSA）机制，采用了细粒度量化技术，对激活值和权重采用不同的分组与缩放策略，使模型在处理速度和精度之间取得了更好的平衡。

最新的 DeepSeek-R1 则专注于增强模型的推理能力，通过优化的训练方法和数据集，使模型能够展示出类似人类的思考过程，更好地解决复杂问题。

未来，DeepSeek 的发展路线可能会朝着几个方向发展：一是进一步提升模型效率，在保持或提高性能的同时降低资源需求；二是增强多模态能力，更好地处理文本、图像、音频等混合输入；三是针对企业特定场景开发更专业化的模型变体，以满足不同行业的独特需求。

对企业用户而言，这种清晰的迭代路线意味着使用 DeepSeek 技术不仅能解决当前问题，还能持续受益于未来的技术进步，确保 AI 应用始终保持竞争力和先进性。

1.2 当代企业的数字化挑战与 DeepSeek 创造的价值

1. 企业数字化转型的挑战之路

今天的企业就像站在数字化的十字路口——不转型就可能被淘汰，转型却又面临诸多挑战。从小型创业公司到大型跨国企业，无一例外地感受到这股数字化浪潮带来的压力和机遇。

效率与创新的两难困境是许多企业首先遇到的挑战。企业既希望通过数字工具提高日常运营效率，又渴望借助新技术实现业务创新。但现实中，很多企业的数字化项目要么只注重效率而缺乏创新视角，要么过于追求创新而忽略了实际运营需求。正如一位企业高管所言："我们既想跑得更快，又想换一条道路跑，但这两件事很难同时做好。"

信息处理与决策瓶颈是第二大挑战。据统计，全球数据量以每两年翻一番的速度增长，而企业能够有效利用的数据却不到 10%。企业内部充斥着大量非结构化数据——邮件、报告、会议记录、客户反馈等，这些信息往往分散存储，难以整合分析。决策者常面临"信息过载却洞见匮乏"的矛盾局面，如同站在信息的海洋中却找不到一杯可以饮用的清水。

HR 优化与知识管理的难题同样令企业头疼。一方面，企业希望精简人力成本；另一方面，核心人才流失又会带走宝贵的经验和知识。根据调查，企业员工平均 42% 的工作时间花在重复性事务上，而专业人才 80% 的知识没有被系统化记录和传承。一位资深 HR 经理曾感叹：“我们不缺专业人才，缺的是能够高效协作并将个人知识转化为组织资产的方法。”

跨部门协作与流程自动化需求日益迫切。现代企业的业务流程复杂交错，一个简单的客户请求可能需要多个部门配合处理。然而，“部门墙”和“信息孤岛”现象普遍存在，导致流程断裂、效率低下。根据波士顿咨询集团的研究，组织复杂性每增加一倍，生产力就会下降 10% ~ 15%。

最后，数据驱动决策虽然已成共识，但实施起来却面临诸多挑战。从数据收集、清洗、分析到最终呈现，每一步都需要专业技能和工具支持。很多企业虽然有数据分析团队，但数据洞察与业务需求之间仍存在“最后一公里”的鸿沟，让数据价值难以充分释放。

2. DeepSeek 如何为企业创造实质性价值

面对这些挑战，DeepSeek 凭借其强大的大语言模型能力，为企业带来了全新的解决思路和显著价值。

在效率方面，DeepSeek 带来效率上的质变——不仅仅是简单的速度提升，而是工作性质的根本转变。通过自动化处理各类文本信息、回答重复性问题、生成标准化文档，DeepSeek 可以让知识工作者从烦琐的行政工作中解脱出来。根据实际应用数据，DeepSeek 能够帮助企业节省 30% ~ 50% 的文档处理时间，将 HR 从“重复性工作”转向“创造性任务”，实现从“忙于事务”到“专注价值”的跃升。

在成本节约方面，DeepSeek 不只是简单替代人力，而是通过流程再造创造更大价值。例如，在客户服务领域，DeepSeek 能够自动回答 80% 的常见问题，同时提供 7 × 24 小时不间断服务，显著降低人力成本。更重要的是，它能够发现并优化低效流程，帮助企业重新设计工作方式。一家使用 DeepSeek 的制造企业发现，通过优化文档流转和审批流程，不仅节省了直接人力成本，还减少了约 40% 的业务延误，间接提高了整体运营效率。

在质量提升方面，DeepSeek 也有很大价值。在企业环境中，工作质量往往受到个人能力差异、时间压力和状态波动的影响。DeepSeek 能够保持稳定的输出质量，既能按照标准化流程执行任务，又能根据具体情境提供个性化内容。

例如，在合同审查中，DeepSeek 不仅能检查标准条款的合规性，还能根据特定业务关系提出定制化建议，实现了标准化与个性化的完美平衡。

在知识管理方面，DeepSeek 堪称企业的“数字化知识管家”。它能够从大量非结构化文档中提取关键信息，将分散在各处的企业知识整合起来，并通过智能问答系统让这些知识触手可及。更重要的是，DeepSeek 可以帮助捕捉那些通常难以记录的隐性知识——如资深员工的经验判断、处理特殊情况的技巧等，将其转化为显性知识并在组织内传承。有企业反馈，通过 DeepSeek 构建的知识库，新员工的入职培训时间缩短了 40%，解决问题能力显著提升。

在决策支持方面，DeepSeek 将海量数据转化为可执行的洞察，弥合了数据分析与业务决策之间的鸿沟。它不仅能够总结分析报告要点，还能基于历史数据提供预测性见解，帮助决策者评估不同选项的潜在结果。一位使用 DeepSeek 的高管形容道：“这就像拥有了一位不知疲倦的分析师，随时准备从不同角度解读数据，帮我看到原本可能忽略的关联和趋势。”

当代企业面临的数字化挑战是多维度的，而 DeepSeek 通过其卓越的自然语言处理能力，正在为这些挑战提供系统化解决方案，帮助企业实现从效率提升到创新突破的全方位价值创造。

1.3 DeepSeek 的企业应用模式与成功实施因素

1. DeepSeek 在不同类型企业中的应用模式

不同规模和性质的企业面临着各自独特的挑战和机遇，DeepSeek 作为一种高度适应性的工具，能够根据企业特点提供量身定制的应用模式。

大型企业的系统化应用策略往往以全面覆盖和深度整合为特点。这些企业通常拥有充足的资源和复杂的业务体系，适合采用“中央平台 + 业务应用”的部署模式。例如，中国移动已全面接入 DeepSeek-R1，建立了统一的智能平台，再将能力分发到智能客服、云计算等不同场景。大型企业还倾向于采用私有化部署方案，将 DeepSeek 安装在自有服务器上，确保数据安全和业务连续性。这种方式虽然前期投入较大，但能提供最高水平的定制化和控制权，长期看来性价比反而更高。

相比之下，中小企业的灵活部署方案则更注重速度和成本效益。这类企业可以采用 API 接入方式，以“即付即用”的模式按需付费，避免大规模基础设施投入。例如，一家中型制造企业可以先在客户服务部门试点 DeepSeek 的智能问答功能，验证效果后再逐步向产品研发、质量控制等部门推广。DeepSeek 支持从 1.5B 到 70B 不同规模的模型，中小企业可以根据自身需求选择适当规格，在实用性和成本之间取得平衡。

国有企业的特殊场景适配需要特别关注合规性、稳定性和安全性。数据显示，已有超过 20 家中央企业接入 DeepSeek，覆盖能源、通信、金融等国民经济命脉领域。中国石油昆仑大模型已完成 DeepSeek 私有化部署，中国海油的“海能”平台部署了 DeepSeek-R1 完整版及多个蒸馏版本。国有企业通常会建立严格的数据分级管理机制，确保敏感信息不外泄，同时利用 DeepSeek 的本地化特性，实现高度可控的智能化转型。

初创企业的敏捷实施路径则体现了“小步快跑”的特点。这类企业通常资源有限但决策链短，适合采用“先易后难、快速迭代”的策略。比如，一家科技创业公司可以先用 DeepSeek 来优化内容创作和市场推广，帮助小团队“以一当十”；随着业务发展，再逐步扩展到产品设计、用户体验等更复杂的应用场景。DeepSeek 的开源策略对初创企业尤为友好，让他们能够自由调整模型以适应特定需求，无须支付高昂的许可费用。

跨行业通用性与垂直行业定制化是 DeepSeek 应用的两个维度。一方面，DeepSeek 在文档处理、知识管理、客户服务等领域具有通用价值；另一方面，它又能针对特定行业进行深度优化。例如，金融行业可利用 DeepSeek 构建智能风控系统，制造业可应用于工艺优化和设备预测性维护，教育领域则可用于个性化学习指导。中信证券的研报就提到，运营商通过 DeepSeek 实现了智慧城市、工业互联网、客户服务等场景的创新应用。

2. DeepSeek 实施的关键成功因素

成功实施 DeepSeek 并非仅仅是技术问题，而是涉及组织、流程和文化等多方面因素。以下几点是企业实施 DeepSeek 的关键成功因素。

领导层支持与数字化战略融合是一切成功实施的基础。当 DeepSeek 项目获得高层认可并纳入企业整体数字化战略时，才能确保资源充足和目标一致。有效的做法包括指定 C 级高管担任项目发起人，将 DeepSeek 的应用与企业战略目标明确关联，以及设立专项预算确保实施过程不因资金问题中断。国资委就强调，中央企业在编制“十五五”规划中要将发展 AI 作为重点，这种战略层面的重视是关键。

明确的应用场景与价值评估能够避免“为了技术而技术”的误区。成功的DeepSeek项目通常始于清晰定义的业务痛点和预期收益。如三峡集团的工程管理平台接入DeepSeek后，混凝土浇筑合格率提升至99.3%，工程成本节约超3亿元——这种具体、可衡量的成果是推动项目持续推进的有力支撑。建议企业建立结构化的价值评估框架，包括效率提升、成本节约、质量改进和创新能力等维度，定期评估并调整实施方向。

数据安全与隐私保护策略在当今日益重视数据主权的环境中尤为重要。特别是对于处理敏感信息的企业，需要建立完善的数据治理机制，包括数据分类分级管理、访问权限控制、加密传输等措施。DeepSeek支持私有化部署，使企业能够在自己的安全边界内运行模型，避免敏感信息外泄风险。同时，企业还应制定明确的AI伦理准则，确保DeepSeek的使用符合法律法规和道德标准。

人机协作的组织文化建设是确保DeepSeek长期有效应用的关键。很多企业低估了文化因素的重要性，导致员工抵触或误用AI工具。成功的企业会投入资源进行充分培训，明确AI的角色是增强而非替代人类能力，鼓励员工探索创新应用方式。同时，调整绩效评估和激励机制，奖励那些有效利用DeepSeek提升工作质量和创新的员工，培养“人机协作”的新型工作文化。

持续学习与能力迭代机制是应对AI技术和业务环境快速变化的必要保障。DeepSeek不是“一次性安装就万事大吉”的工具，而是需要持续投入和优化的能力平台。企业应建立专门团队负责跟踪模型更新、收集用户反馈、优化应用场景，确保DeepSeek的应用与时俱进。同时，建立内部知识共享机制，让成功经验能够跨部门传播，避免重复试错，最大化DeepSeek的企业价值。

总的来说，DeepSeek在不同类型企业中的成功应用，取决于对企业特点的精准把握和关键成功因素的系统性实施。只有技术与业务、策略与执行协调一致，DeepSeek才能真正成为企业数字化转型的强大引擎。

1.4 企业应用 DeepSeek 的成熟度、未来展望与使用指南

1. 企业应用 DeepSeek 的成熟度模型

企业应用DeepSeek并非一蹴而就，而是遵循一条清晰的成熟度进阶路径。了解这一路径，企业可以更好地评估自身位置，规划未来发展方向。

初级阶段：单点试验与价值验证是大多数企业的起点。这一阶段的特点是"小范围、低风险、快反馈"。企业通常会选择痛点明显但影响范围有限的场景进行试点，如客户常见问题解答、简单文档生成等。例如，一家制造企业可能首先在技术支持部门部署 DeepSeek，用于回答员工关于设备操作的常见问题。根据实际案例，这类试点项目通常在 1 ~ 3 个月内就能看到初步效果，投资回报周期短，有助于获取更多资源支持后续推广。

随着初步成功，企业进入发展阶段：多场景推广与流程整合。这一阶段企业开始横向扩展 DeepSeek 的应用范围，从单点突破转向多点开花。例如，从 HR 拓展到市场营销、财务管理、研发创新等多个部门。同时，企业会尝试将 DeepSeek 融入现有业务流程，建立标准化的调用接口和使用规范。正如某金融机构的案例所示，通过将 DeepSeek 接入客户资料分析系统，原本需要两天的贷款风险评估被压缩至数小时，同时还提高了评估准确率。

成熟阶段：全面赋能与智能协作标志着 DeepSeek 已成为企业不可或缺的"数字员工"。这一阶段的特征是深度集成和自动化决策。企业会构建统一的 AI 中台，实现数据、知识和能力的共享。DeepSeek 不再是被动响应的工具，而是主动参与业务流程的智能伙伴。如神州鲲泰问学一体机 DeepSeek 版的案例所示，大模型能够自动识别业务异常并提出处理建议，在保持人类最终决策权的同时，大幅提升处理效率。

少数领先企业已经达到领先阶段：创新驱动与模式重构。在这一阶段，DeepSeek 不只是优化现有业务，更成为创新的驱动力，促使企业重新思考业务模式和价值创造方式。例如，盛业控股通过 DeepSeek 实现了供应链金融的智能化变革，单日处理资产规模超 50 亿元，将单笔业务耗时压缩至分钟级，创造了全新的业务增长模式。

2. DeepSeek 应用的前瞻性展望

站在当前视角，我们可以清晰看到几条 DeepSeek 企业应用的发展趋势。

企业智能化转型的未来趋势将从"单点智能"向"系统智能"发展。未来的 DeepSeek 不只是处理孤立任务的工具，而是能够理解企业整体运营逻辑的智能系统。这种系统将融合多种数据源，打通业务孤岛，提供跨部门、跨流程的智能支持。如毕马威轩辕 AI 平台已经实现了 DeepSeek 在审计、税务、咨询等多业务线的深度应用，创造了协同效应。

人机协作新模式也将迎来重大变革。传统的“人指挥机器”关系将让位于更对等的伙伴关系。DeepSeek 将从被动执行任务的工具，发展为主动提供见解和建议的顾问。例如，在产品设计过程中，DeepSeek 不仅能根据指令生成设计方案，还能主动发现潜在问题并提出优化建议，成为设计师的创意伙伴。

行业特化大模型将成为下一个竞争焦点。虽然通用型大模型功能强大，但针对特定行业深度优化的模型往往能提供更精准的服务。我们已经看到金融、医疗、制造等行业开始基于 DeepSeek 打造垂直领域模型，融入行业知识和规则，提供更有针对性的解决方案。

企业专属知识库与 AI 共创将重塑组织知识管理方式。未来，企业将建立与 DeepSeek 深度融合的知识生态系统，实现知识的自动捕捉、整理和应用。新知识不再是静态存储，而是通过 AI 不断更新和优化。员工提问、DeepSeek 回答、反馈改进将形成良性循环，使企业知识库不断进化。

这些趋势共同指向未来工作方式的革新愿景：一个人类专注于创造性思考和情感连接，AI 处理重复性和分析性工作的协作新世界。这不是简单的劳动替代，而是能力互补和价值共创。

3. 本书使用指南

为帮助您充分利用本书资源，我们设计了系统的使用方法。

按业务功能和复杂度两个维度组织了 100 个企业应用场景。您可以根据所在部门（如 HR、营销、研发等）或面临的具体挑战（如效率提升、成本控制、创新驱动等）快速定位相关场景。每个场景都标注了实施难度和预期收益，帮助您选择最适合的切入点。

实施案例提供了宝贵的参考价值，但请记住，没有放“之四海而皆准”的解决方案。本书强调“借鉴而非照搬”的原则，您可以根据自身业务特点、组织文化和资源条件进行本地化调整。如 DeepSeek 在营销方面的应用案例显示，美妆品牌利用其生成虚拟代言人进行 24 小时直播，而制造企业则更关注营销 ROI 的精准预测——同一技术，不同场景。

随着 DeepSeek 的迭代和应用场景的拓展，企业应保持学习心态，不断调整策略，才能在 AI 时代保持竞争优势。本书将是您在这一旅程中的得力助手。

第2章

企业管理场景

场景1：HR招聘流程自动化

核心痛点

HR招聘流程普遍面临效率低、筛选标准不一致、重复性工作量大等问题。传统模式下，HR需手动筛选数百份简历，沟通协调面试时间耗时过长，且缺乏智能化的候选人评估工具，易导致优秀人才遗漏或误判。此外，招聘流程各环节数据分散，难以形成闭环优化，影响整体招聘质量与企业人才战略的匹配度。

DeepSeek解决方案

1. 智能简历初筛

通过自然语言处理（NLP）解析简历内容，自动匹配岗位要求，过滤不达标候选人，Prompt（提示词）示例如下。

```
你是一名资深HR，需筛选Java开发工程师岗位的简历。以下是岗位要求：
1. 3年以上Java开发经验
2. 熟悉Spring Boot、MySQL、Redis
3. 有高并发项目经验者优先
请分析候选人简历文本，输出匹配度评分（0 ~ 100分），并列出关键符合项与缺失项。
```

2. 自动化沟通与信息收集

集成至企业微信或钉钉，自动发送笔试链接、收集候选人基础信息并回答常见问题，Prompt示例如下。

```
#Prompt示例
请生成一条面试邀约消息，包含以下信息：
1. 面试时间：本周五14：00 ~ 15：00
2. 面试形式：腾讯会议线上技术面
3. 需准备的资料：身份证、学历证明、项目案例PPT
```

要求语气友好，使用口语化中文，并附带确认参与的链接。

3. 结构化面试评估

为面试官生成定制化问题列表及评估标准，减少主观偏差，Prompt示例如下。

基于候选人的简历（附件）和后台开发岗位要求，生成10个技术面试问题，涵盖以下内容：

1. 分布式系统设计能力（3题）
2. 故障排查思路（3题）
3. 团队协作情景模拟（4题）

每个问题需附带评分维度和参考答案关键词。

4. 招聘数据分析与优化

定期分析各环节转化率（CVR）、用人部门反馈等数据，输出改进建议报告，Prompt示例如下。

分析最近3个月招聘数据（附件），回答以下问题：

1. 初筛到面试邀约CVR低于行业均值的原因
2. 技术岗与非技术岗Offer接受率的差异分析
3. 提出3条可落地的流程优化建议，按优先级排序

实施建议

1. 工具推荐

- 人才管理系统：Moka（支持API对接DeepSeek）。
- 协作平台：钉钉（集成机器人实现自动通知）。
- 数据看板：观远BI（实现招聘指标可视化）。

2. 实施流程图

实施流程图如图2-1所示。

3. 注意事项

- 数据安全：通过私有化部署或加密接口处理候选人隐私信息。
- 模型训练：定期输入企业历史招聘数据优化模型精度。
- 人机协同：关键决策环节（如终面评估）需保留HR人工复核。
- 合规性：自动拒信需包含具体理由，符合《中华人民共和国劳动合同法》（以下简称《劳动合同法》）要求。

建议从小范围试点开始（如单一部门校招），逐步迭代规则库与话术模板，

3 个月后全面推广。

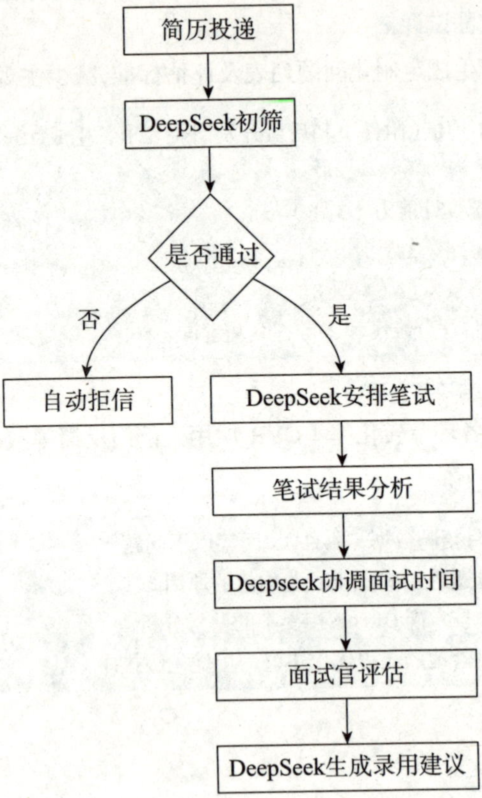

图 2-1

场景 2：绩效考核指标设计与评估

核心痛点

传统绩效考核指标设计常面临以下三大问题。

1. 主观性强

依赖管理者经验制定指标，易受个人偏好影响，导致考核与业务目标脱钩。

2. 动态适应性差

难以快速响应市场变化或战略调整，指标更新滞后。

3. 评估效率低

人工处理数据耗时长，跨部门对齐指标口径的成本高，反馈周期长影响改进效率。如某制造企业因未量化研发成果 CVR，导致技术投入与营收增长不匹配。

DeepSeek 解决方案

1. 指标智能生成与优化

基于企业战略文档及历史数据，自动生成关键领域量化指标，Prompt 示例如下。

> 请根据以下公司战略文本提取核心目标，并设计与之匹配的 3 个部门级 KPI，要求满足 SMART① 原则。
> 战略文本："未来三年聚焦东南亚市场拓展，通过数字化转型降低 15% 供应链成本，建立 AI 质检创新实验室。"
> 输出格式：指标名称 | 计算公式 | 数据来源 | 权重参考范围

2. 岗位定制化权重配比

通过岗位说明书生成差异化考核模板，避免"一刀切"问题，Prompt 示例如下。

> 你是一家互联网公司的 HRBP②，需要为前端开发岗设计绩效考核框架。
> 现有岗位核心职责：
> 1. 完成需求开发并保证代码质量
> 2. 参与技术方案评审
> 3. 优化页面加载速度
> 生成包含 4 个考核维度的表格，每个维度需包含具体指标、评估方式及建议权重（总权重 100%）。

3. 评估过程自动化

连接业务系统 API，自动生成评估报告与改进建议，Prompt 示例如下。

> 请将以下季度销售数据转为雷达图分析报告：
> 成交额环比增长 12%（目标 10%），新客户占比 35%（目标 40%），客户满意度 87 分（目标 85 分）
> 重点突出各指标达成偏差值，并给出 2 条针对新客户开发的改进策略。

---

① SMART：从明确性（specific）、可衡量性（measurable）、可达成性（attainable）、相关性（realistic）和时限性（time-based）等五个方面对目标进行设定。

② HRBP：人力资源业务合作伙伴。

实施建议

1. 工具推荐

- 数据处理：搭配腾讯文档+SeaTable实现考核数据实时协作。
- 流程管理：通过钉钉宜搭搭建自动化审批流（指标确认→数据收集→全面评估→结果校准）
- 可视化呈现：使用帆软BI生成动态考核看板

2. 实施流程图

实施流程图如图2-2所示。

3. 注意事项

- 数据安全：通过私有化部署模型处理敏感考核数据。
- 训练校准：需用企业历史优秀考核案例微调模型权重参数。
- 迭代机制：建议季度复盘时更新20%～30%的指标库，保持体系活力。
- 规则透明：对所有生成的指标说明计算逻辑与数据溯源路径。

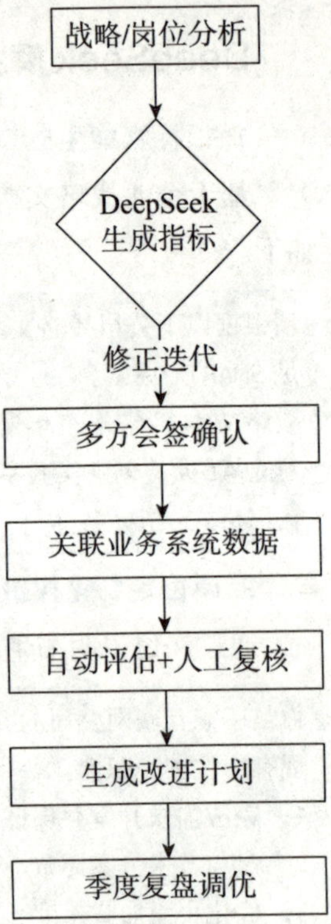

图2-3

场景3：企业规章制度优化与更新

核心痛点

企业在规章制度优化中面临四大挑战：第一，外部法规更新频繁且地域差异大，人工追踪效率低且易遗漏关键条款；第二，制度文档涉及法务、人力等多部门协同修订，版本管理混乱导致重复劳动；第三，不同岗位执行标准存在差异，传统流程难以实现个性化条款匹配；第四，制度变更后员工触达率不足，线下培训成本高且效果难以量化。某机械制造企业曾因未及时响应新修订的《中华人民共和国安全生产法》，导致重大合规风险事件。

DeepSeek 解决方案

1. 合规性智能审查与动态追踪

通过语义分析比对最新法规与企业现行制度，生成差异清单并预警风险点，Prompt 示例如下。

> 作为企业合规顾问，请系统对比《中华人民共和国网络安全法》2023 修订版与本公司现行信息安全制度（附件），要求：
> 1. 列出新增义务条款对应本公司缺失的 3 ~ 5 项制度条目
> 2. 识别现有制度中与修订版存在冲突的条款
> 3. 按高危、中危、低危三个等级给出整改优先级
>
> 输出格式：表格（条款编号、问题类型、修订建议、优先级）

2. 多源数据驱动的制度定制化修订

整合员工行为数据、投诉记录等，生成个性化条款调节建议，Prompt 示例如下。

> 基于近半年考勤异常数据：
> 1. 销售岗平均迟到率为 8%（超标 5%）
> 2. 产线换班打卡错误率集中在 17：00—19：00
>
> 请结合行业基准和劳动合同条款，输出弹性考勤制度优化方案，要求：
> 1. 分岗位设置差异化的迟到容忍阈值
> 2. 提出换班打卡的技术改进建议
> 3. 预测合规成本与员工满意度变化

3. 智能问答知识库建设

构建可溯源的制度问答系统，支持语义检索与场景化应用指导，Prompt 示例如下。

> 将《费用报销管理制度》第四章转换为 FAQ 知识库，要求：
> 1. 提取 15 个高频问题（如“国际差旅补贴计算标准”）
> 2. 每个问题生成标准解答模板
> 3. 补充 3 个典型驳回案例的异常情形说明
>
> 输出要求：Markdown 格式，包含超链接至原制度条款

实施建议

1. 工具推荐

- 文档协同：使用钉钉智能文档实现多部门在线标注（如斜线评论功能）。
- 流程管理：明道云搭建审批工作流，设置修订任务的自动提醒规则。
- 数据看板：帆软 BI 配置制度更新进度、员工查阅完成率等监测指标。

2. 实施流程图

实施流程图如图 2-3 所示。

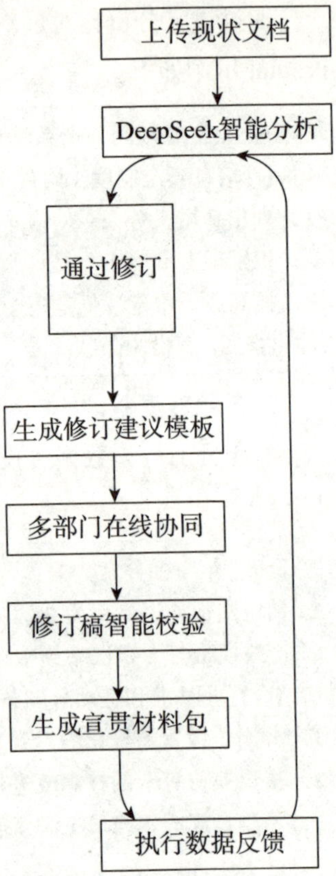

图 2-3

3. 注意事项

- 权限控制需分级管理，核心制度修改保留区块链存证（推荐蚂蚁链）。
- 智能生成的条款要经过法务人工复核，特别是涉及劳动关系的条款。
- 在制度发布初期支持“新旧版本对比查看”功能，过渡期设置双轨运行机制。
- 通过飞书服务台收集员工反馈，用 SPSS 软件做政策接受度回归分析。
- 每季度进行系统迭代，重点优化制造业场景下的安全操作规范识别精度。

场景 4：离职面谈问题库构建

核心痛点

企业在实施离职面谈时普遍面临三大问题：一是 HR 缺乏标准化的提问框架，导致访谈质量参差不齐；二是常规问题无法深入挖掘真实离职原因，容易遗漏隐性组织管理问题；三是线下访谈记录碎片化，缺乏结构化数据分析能力。这些问题导致离职面谈难以有效支持人才保留策略优化，60% 的企业反馈访谈信息利用率不足 30%。

DeepSeek 解决方案

1. 自动生成基础问题库

基于行业最佳实践生成覆盖八大维度的标准化问题框架，包含团队协作、文化适配、职业发展等模块，Prompt 示例如下。

> 请作为资深 HR 专家，生成包含 20 个核心问题的标准离职面谈问题库。要求：
> 1. 覆盖职业发展、工作环境、管理风格、薪酬福利 4 个维度
> 2. 包含 5 个开放式问题和 15 个封闭式问题
> 3. 每个问题需标注适用岗位层级（基层 / 中层 / 高管）
> 4. 使用中性化表述避免引导性语言

2. 深度追问智能设计

针对首次访谈发现的异常点生成二阶追问问题，提升信息挖掘深度，Prompt 示例如下。

> 根据以下访谈记录设计 3 个追问问题：
> “员工提到工作压力主要来自跨部门协作，但目前给予的培训支持足够”
> 追问需满足以下内容：
> - 聚焦压力源的具体场景
> - 探究预期解决方案
> - 采用非对抗性话术
>
> 输出格式：[追问问题]+(追问目的说明)

3. 问题动态优化引擎

基于历史访谈数据进行持续迭代，Prompt 示例如下。

> 分析近半年 50 份离职面谈记录，执行以下任务：
> 1. 识别 3 个高频出现但现有问题库未覆盖的离职诱因
> 2. 针对 IT 研发岗位设计 2 个专项问题
> 3. 优化 2 个现有问题的表述消除歧义
>
> 输出格式：问题改进对照表（原问题→新问题）+ 改进说明

实施建议

1. 工具推荐

- 问卷收集：推荐使用快解析或腾讯问卷搭建标准化电子面谈表。
- 数据沉淀：通过 SeaTable 建立结构化数据库，实现问题库与访谈记录的关联管理。
- 分析可视化：使用帆软 FineBI 搭建离职成因分析看板。

2. 实施流程图

实施流程图如图 2-4 所示。

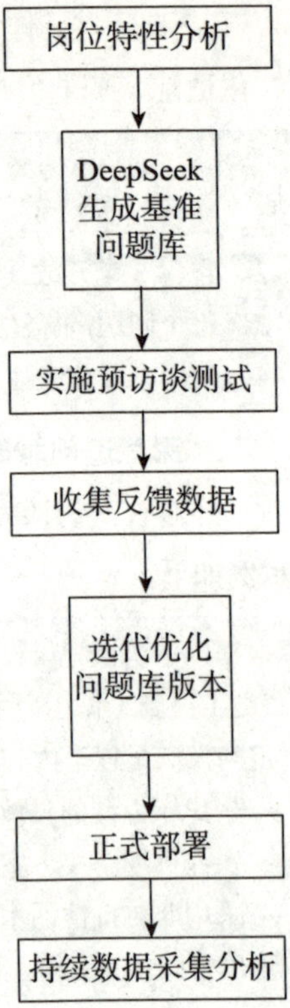

图 2-4

3. 注意事项

- 敏感问题处理：在涉及薪资、管理层评价等问题时，配置风险词过滤机制（如“你如何看待 CEO 的决策风格？”改为“公司的战略传导机制是否通畅？”）。
- 问题更新周期：建议每季度执行 1 次 GPT 驱动的库结构健康度检查，更新率保持在 15% ~ 20%
- 动态补充机制：当单月某类离职原因出现频次超过均值 2 倍时，触发自动问题生成流程。
- 合规性验证：需人工复核涉及《中华人民共和国劳动法》（以下简称《劳动法》）相关问题的表述，推荐配合法大大合同管理系统进行合规校验

场景 5：薪酬体系分析与优化

核心痛点

中小企业在薪酬体系管理中常面临三大难题：1）缺乏科学对标依据，薪酬结构无法匹配市场分位值，导致人才流失或成本浪费；2）历史数据分散于 Excel 表和 HR 系统中，人工交叉分析效率低且易出错；3）薪酬调整缺乏动态模型支撑，难以量化不同职级、绩效与调薪幅度的关联关系。据统计，73% 的企业因薪酬体系不合理导致核心员工年流失率超过 15%，同时存在 35% 的薪资倒挂风险。

DeepSeek 解决方案

1. 多源薪酬数据预处理与分析

通过自然语言交互快速实现数据清洗、字段映射与基准值计算，生成薪酬分布热力图，Prompt 示例如下。

```
# 薪酬数据处理
请按以下步骤处理薪资数据集：
1. 清洗异常值：过滤税前月薪>10万元的记录，并将入职不满3个月的数据标记为“试用期”
2. 标准化字段：将“基础工资”“岗位津贴”合并为“固定薪酬”，并计算“年度总现金收入”
3. 生成分析报表：
   - 按职级（P5 ~ P9）分组的薪酬 75 分位值
   - 司龄与薪酬涨幅的 Pearson 相关系数矩阵
   - 各序列（研发 / 销售 / 职能）的薪酬带宽重叠度雷达图
```

2. 市场化薪酬动态对标

接入行业薪酬数据库 API，自动匹配企业岗位与市场数据，Prompt 示例如下。

```
# 调用薪酬对标模板
请比较我司研发序列岗位薪酬水平与市场对标流程，要求：
1. 获取 2023 年智能硬件行业 P6 工程师市场数据：
   - 输入岗位关键词：“嵌入式开发工程师”
   - 筛选企业规模：500 ~ 2000 人
   - 地域范围：长三角城市群
2. 计算竞争力指数：
   （企业 75 分位值 ÷ 市场中位值）× 100
3. 生成调薪建议矩阵：当竞争力指数 <90 时，建议预算增幅 X%；若竞争力指数 >110，建议冻结普调
需要调用外部 API 时使用：datainsider.com/cn_salary_api
```

3. 薪酬调整动态模型构建

基于机器学习算法生成调薪模拟场景，Prompt 示例如下。

```
# 薪酬模型训练
请构建非线性调薪决策模型，要求：
```

- 输入参数：绩效等级（SABC）、薪酬渗透率、岗位稀缺度指标
- 约束条件：总包预算增长≤ 8%、同职级带宽重叠度 <30%
- 输出：分场景调薪方案对比表（激进型 / 稳健型 / 成本控制型）

要求生成 Excel 宏脚本，带滑块控件动态调节参数。

实施建议

1. 工具推荐

- **数据中台**：用友薪福社（对接 HR 系统数据）。
- **流程协作**：钉钉智能薪酬模块（审批流 + 员工自助查询）。
- **市场数据**：e 成科技 MarketPay 智能薪酬云。
- **合规审计**：税点点薪资风险监测系统。

2. 实施流程图

实施流程图如图 2-5 所示。

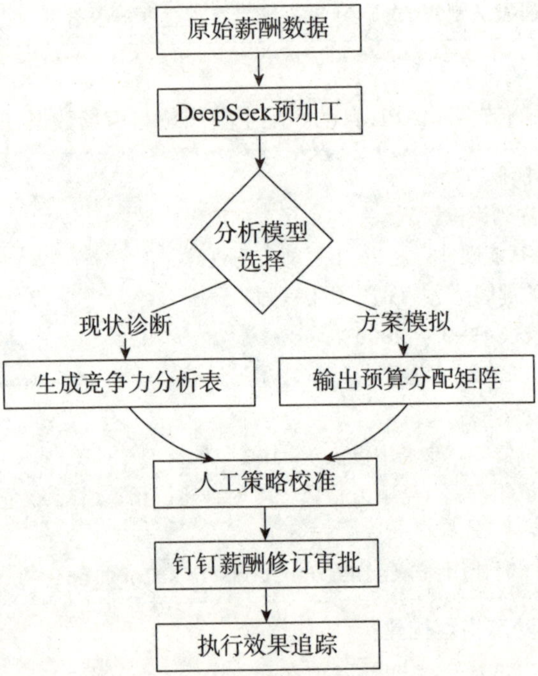

图 2-5

3. 注意事项

- **数据脱敏**：处理薪酬数据时启用企业级加密传输协议。

- 人工复核：AI 生成的调薪方案需 HR 总监与财务总监双签确认。
- 灰度测试：选择 20% 岗位先行试点，监测递交离职率变化。
- 法律适配：特殊处理“十三薪”等中国特色薪酬条款。
- 宣贯配套：通过 BI 可视化看板同步薪酬改革逻辑至部门负责人层。

场景 6：员工关系问题处理指南

核心痛点

企业员工关系管理面临四大挑战：1）冲突处理依赖 HR 个人经验，缺乏标准化流程；2）《劳动法》规更新频繁导致合规风险；3）跨部门沟通效率低，信息同步不及时；4）员工情绪状态难量化追踪。某制造业企业年度统计显示，因劳资纠纷导致的诉讼成本年均增长 23%，员工满意度调查中“沟通反馈不及时”占比达 61%。传统解决方案存在响应延迟、标准化程度低、法律更新跟进滞后等问题。

DeepSeek 解决方案

1. 实时对话建议生成

在员工投诉场景中，通过语义理解生成分级响应框架，Prompt 示例如下。

> 现有一位入职 2 年的测试工程师投诉“连续 3 个月加班未发津贴”，请基于《劳动法》第四十四条，生成包含法律依据、企业内规核查、沟通话术的三级响应方案，输出结构如下：
> 1. 法规校验结论（300 字内）
> 2. 薪酬系统检查指引（分步骤）
> 3. 面谈建议框架（包含开场白、关键问题清单、闭环承诺）

2. 法律文书智能校验

自动关联最新政策文件进行合同合规审查，Prompt 示例如下。

> 请对比江苏省 2024 年最新实施的《企业工资支付条例》第八条，分析当前《XX 公司加班管理办法》v3.2 版第 5 ~第 7 条款的合规性差异，要求：
> - 采用表格对比差异点（原条款 / 新规要求 / 风险等级）
> - 在修订建议中嵌入劳动仲裁典型案例数据（2019—2023 年长三角地区）

应用点 3：员工情感分析看板

通过 NLP 构建情绪指数模型，Prompt 示例如下。

```
基于最近 3 个月内部论坛的 127 条员工发帖数据（示例：< 数据片段 >），要求：
1. 使用 LDA 主题模型识别高频诉求类型
2. 按负面情绪强度生成 TOP5 问题热力图
3. 输出管理建议（沟通频率优化方案、制度漏洞预警）
分类维度需包含薪资福利、晋升机制、工作环境三个一级标签
```

实施建议

1. 工具推荐

• 数据集成：通过钉钉开放平台接入考勤 / 审批流，使用明道云搭建自定义表单。

• 法规更新：订阅法信中国数据库 API（含 2 600 多条《中华人民共和国劳动法》相关司法解释）。

• 可视化：采用 DataV 制作实时情绪监测看板。

2. 实施流程图

实施流程图如图 2-6 所示。

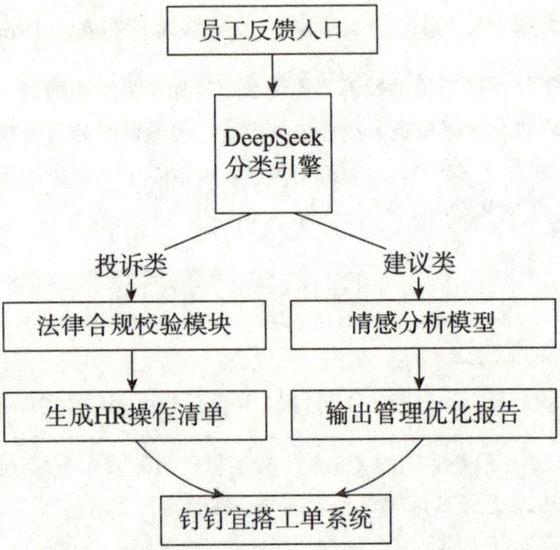

图 2-6

3. 注意事项

- 敏感数据需部署私有化模型，建议采用阿里云 PAI+NAS 存储方案。
- HR 应有最终决策权，AI 建议需标注置信度（如法规类 95%、主观判断类 70%）
- 建立双周校准机制，用海蜂法务等工具做人工复核。
- 内部沟通中明确 AI 参与度（建议对外声明 AI 辅助决策占比≤ 40%）

场景 7：岗位说明书标准化制作

核心痛点

在企业 HR 管理实践中，岗位说明书标准化制作常面临三大障碍：一是岗位要素描述缺乏统一规范，导致职责权限表述模糊；二是多部门协同修订时版本混乱，信息同步效率低；三是传统模板更新滞后，难以适配组织架构动态调整。某地产集团曾因区域公司岗位说明书格式不统一，造成 HR 盘点误差率达 23%，直接影响人才梯队建设决策。手工编制模式更使 HR 平均耗时 4 小时 / 岗，存在严重的标准化程度低、效率低下等问题。

DeepSeek 解决方案

1. 岗位要素智能标准化

通过深度解析企业现有岗位数据，自动生成标准化要素框架，解决专业术语不统一问题，Prompt 示例如下。

> # 岗位模板标准化生成
> 你作为资深 HR 专家，请基于智能硬件行业研发中心岗位特点，输出包含核心要素的岗位说明书模板，需包含：岗位目的（用“通过…实现…”句式）、关键职责（按战略支持、业务执行、团队管理分类）、任职资格（硬性指标与软性能力权重分配）。参照华为 IPD[①] 体系岗位设计规范，结构需与 ISO 9001 岗位文件标准兼容。要求用表格呈现要素结构，给出各字段填写说明示例。

2. 动态岗位信息抓取

联动企业 OA 系统，自动抓取岗位关联的最新业务数据，避免信息滞后。

---

① IPD：集成产品开发。

岗位职责动态更新
当前从 ERP 系统获取到售前技术支持岗的以下变化：
1. 新增智慧医院解决方案支持模块
2. 客户需求响应时效从 48 小时缩短至 24 小时
3. 新增与 AI 产品部的协同流程。请据此更新岗位说明书中的工作职责部分，保持原文件专业术语体系不变，使用 SMART 原则优化任务描述，按业务影响度重新排序职责条目。

3. 智能合规性校验

自动识别法律风险表述，确保《劳动法》等规范要求，Prompt 示例如下。

任职资格合规审查
请审阅附件中高级项目经理岗位的任职资格条款，核查是否存在《中华人民共和国就业促进法》明令禁止的歧视性条款（如年龄 / 性别限制），识别《劳动法》冲突的风险点。针对“需接受不定期出差”等弹性要求，建议修改为合法合规的表述方式。同时检查能力要求与企业职级体系的一致性，输出风险点清单与修正建议。

4. 跨版本智能对比

支持多部门修订版本自动比对，快速定位差异点，Prompt 示例如下。

多版本差异分析
比对华东区（V2.3）与华南区（V2.1）销售总监岗位说明书，用三线表显示结构差异、职责范围差异和能力要求差异。重点标记出华南区特有的跨境电商业务模块相关的职责描述，并评估是否需要作为标准条款全国推广。差异分析需包含字段匹配度百分比标注。

实施建议

1. 工具推荐

- 文档协同：配备飞书多维表格（支持字段级权限控制）。
- 流程管理：钉钉宜搭搭建岗位说明书审批流。
- 知识沉淀：WPS 云文档建立岗位要素标准库。
- 数据对接：通过简道云 API 对接企业 HR 系统。

2. 实施流程图

实施流程图如图 2-7 所示。

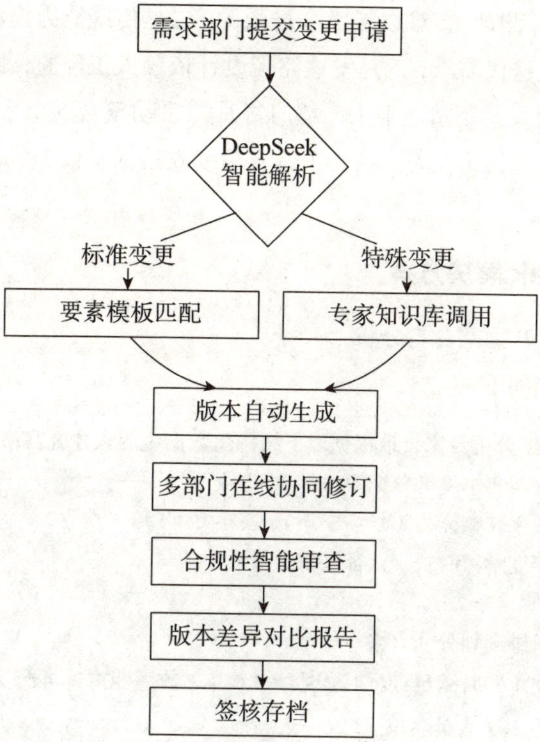

图 2-7

3. 注意事项

- 权限管理：设置岗位说明书查看范围，防范敏感信息泄露。
- 版本溯源：采用区块链存证技术确保修订过程可追溯。
- 灰度发布：先试点研发、营销等典型岗位说明书。
- 配套机制：结合钉钉智能人事模块，建立说明书与绩效考核指标自动关联机制。

建议每月通过 DeepSeek 生成岗位说明书健康度报告，监测岗位职责与实际业务匹配度指标（如任务覆盖率、更新响应速度），将其纳入 HR 数字化季度评估体系。实施初期可设置“双轨运行期”，通过新旧版本对比验证优化效果。

场景 8：人才发展计划制定

核心痛点

企业在制定人才发展计划时面临三大挑战：一是人才数据分散在多个系统

（如绩效、培训、测评），难以形成全局画像；二是传统能力模型更新滞后，无法匹配业务快速迭代需求；三是发展路径设计依赖人工经验，缺乏个性化推荐和动态调整机制。某制造企业 HR 部门每月需手动整合 5 个系统的员工数据，制定发展方案耗时长达 3 周，且员工晋升后绩效达标率仅 58%，暴露出人岗匹配度不足的问题。

DeepSeek 解决方案

1. 多源人才数据整合与分析

Prompt 示例如下。

```
你现在是人才数据分析专家，请根据以下结构化数据生成人才九宫格矩阵：
1. 绩效数据：近两年季度考核结果（SABC 等级）
2. 能力测评：数字转型能力（1 ~ 5 分）、领导力（1 ~ 5 分）
3. 培训记录：年度学习时长、认证证书数量
输出要求：
1. 按绩效潜力双维度划分九宫格
2. 标注高潜人才（同时满足：近 4 季度≥ 3 次 A、数字能力≥ 4 分）
3. 用表格展示前 20% 人员名单
```

2. 动态能力模型构建

Prompt 示例如下。

```
基于公司 2024 年战略重点“跨境电商业务扩张”，请构建数字营销团队的能力模型，要求：
1. 拆解 3 个核心岗位（海外推广经理、数据分析师、客户体验专家）的关键任务
2. 识别每项任务需要的硬技能和软技能
3. 输出能力差距分析表，对比现有团队技能水平
特别说明：需考虑东南亚市场本地化运营的特殊要求
```

3. 个性化发展路径设计

Prompt 示例如下。

```
为研发部工程师（入职 2 年，绩效 B+）设计双通道发展方案：
输入信息：
- 技术测评：JAVA（高级）、云计算（中级）
- 性格评估：INTJ 型
- 职业倾向问卷：偏好技术深度发展
输出要求：
```

- 技术专家通道：3年成长路径（含每阶段学习资源）
- 管理通道：转型建议与必备能力清单
- 推荐在线课程平台（限中国境内可用）

实施建议

1. 工具推荐

- 数据整合：明道云（零代码搭建人才数据中台）。
- 学习平台：钉钉酷学院（支持AI智能推荐课程）。
- 测评工具：北森TAS（人才评估系统）。
- 流程自动化：影刀RPA（自动抓取各系统数据）。

2. 实施流程图

实施流程图如图2-8所示。

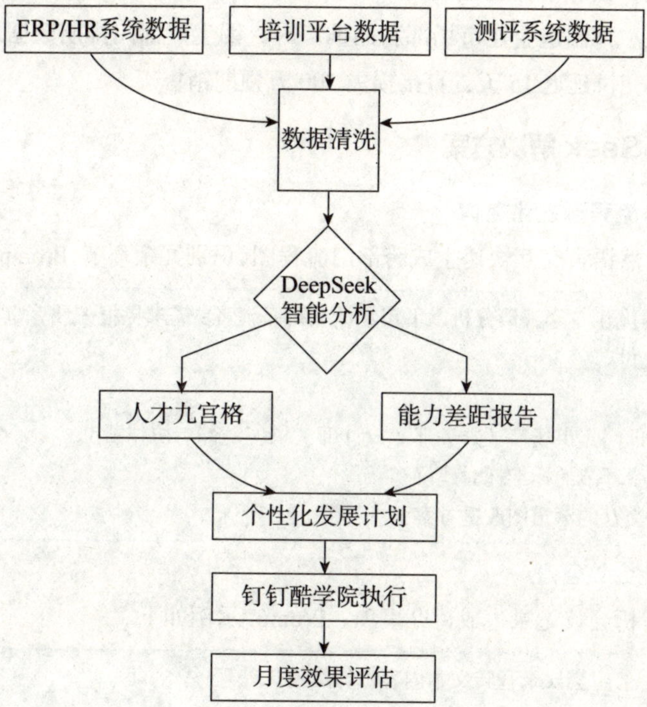

图2-8

3. 注意事项

- 数据安全：通过私有化部署确保员工隐私数据合规，建议使用阿里云专有云。

- **模型迭代**：每季度更新能力词典，结合业务部门反馈调整评估维度。
- **系统集成**：采用 Restful API 对接现有 HR 系统，优先对接用友 NC、金蝶 s-HR 等主流系统。
- **变革管理**：配套设计积分激励体系，将学习数据与内部晋升制度挂钩。

场景 9：部门协作流程优化

核心痛点

企业跨部门协作常面临四大难题：一是沟通低效，需求传递依赖邮件 / 即时通信工具，关键信息易遗漏或失真；二是数据孤岛严重，销售、生产、财务等部门系统独立，决策缺乏实时数据支撑；三是流程冗长，传统 OA 系统审批节点设置僵化，紧急事务响应速度不足；四是权责界定模糊，项目推进中出现责任推诿现象。某制造企业市场部新品推广时，因生产部门排期数据未同步，导致宣传物料交付延迟 15 天，直接损失 300 万预期销售额。

DeepSeek 解决方案

1. 业务流程可视化重构

通过自然语言交互快速生成跨部门流程图，识别冗余环节，Prompt 示例如下。

> 你作为流程优化专家，请分析以下市场活动筹备流程：需求提报—预算审批—设计制作—物料交付。
> 要求：
> 1. 识别各部门（市场部 / 财务部 / 设计部 / 供应链部）协作断点
> 2. 给出每个环节的标准耗时建议
> 3. 输出可交互的泳道图改进方案

2. 智能会议管理

自动解析会议记录生成待办事项，Prompt 示例如下。

> 请将以下跨部门会议录音转文本内容进行结构化处理：
> 1. 提取关键决策项并标注责任部门
> 2. 识别存在争议的议题
> 3. 生成带时间节点的行动计划表
> 示例输入：[市场部要求 7 日内完成宣传视频拍摄，制作部反馈当前设备排期已满]

3. 动态数据看板搭建

打通多系统数据生成实时报告，Prompt 示例如下。

请整合销售 CRM[①] 数据（客户订单量）、供应链系统数据（库存水位）、财务系统数据（账期情况），完成：

1. 建立跨部门数据关联模型
2. 输出可视化分析报告，重点标注数据矛盾点
3. 给出 3 条跨部门协同建议

4. 智能权责界定

根据项目文档自动生成 RACI 矩阵，Prompt 示例如下。

分析新产品上线项目的各环节参与方，要求：

1. 按 RACI 原则（负责 / 审批 / 咨询 / 知会）分类
2. 识别存在双重负责的冲突环节
3. 输出责任划分建议书（含争议解决预案）

实施建议

1. 工具推荐

- 流程管理：钉钉宜搭（低代码流程搭建）。
- 会议协作：飞书妙记（语音转写及任务提取）。
- 数据整合：简道云（跨系统 API 对接）。
- 文档协同：WPS 云文档（版本控制与权限管理）。

2. 实施流程图

实施流程图如图 2-9 所示。

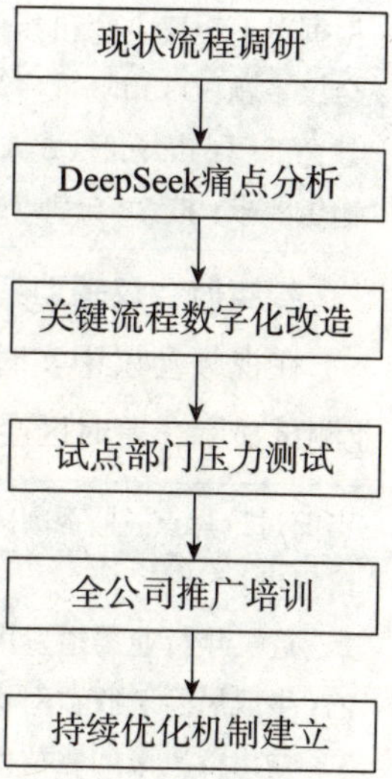

图 2-9

3. 注意事项

- 数据安全方面，建议通过私有化部署确保核心数据不出域，使用阿里云金融级加密传输。
- 初期选择 2 ~ 3 个高频协作场景（如采购审批、项目立项）进行试点，建议优先使用泛微 OA 系统对接。
- 建立 AI 优化反馈机制，设置专职流程管理员收

① CRM：客户关系管理。

集各部门使用反馈，每月迭代 Prompt 指令库。

- 避免完全依赖 AI 决策，关键环节保留人工复核机制，建议在钉钉审批流设置双因素确认节点。

场景 10：会议效率提升方案

核心痛点

企业会议普遍存在效率低下问题，具体表现如下：会前议程模糊导致讨论偏离主题（某制造企业统计显示 38% 的会议存在严重跑题现象）；会中跨部门沟通存在专业术语和信息差，决策效率低下；会后纪要整理平均耗时 2 小时 / 场，且 50% 的待办事项缺乏有效追踪。某科技公司案例显示，其管理层每周参会时间占比达 40%，但仅 32% 的会议产出可量化成果。

DeepSeek 解决方案

1. 智能议程生成与预演

通过输入会议主题和参与部门，自动生成结构化议程并预测潜在分歧点。某互联网公司使用后，会前准备时间缩短 65%，Prompt 示例如下。

> 根据以下会议主题和参会部门，生成包含时间分配的议程框架：
> 会议主题：Q3 市场推广策略调整
> 参会部门：市场部（6 人）、销售部（4 人）、产品部（2 人）
> 输出要求：按 30 分钟 /60 分钟两个版本设计，标注核心讨论点

2. 实时会议辅助系统

在视频会议中实时提供术语解释、争议点总结和待办事项提取。某跨国企业测试显示，跨时区会议决策效率提升 40%，Prompt 示例如下。

> 当前讨论焦点：是否削减传统渠道预算转向新媒体。
> 请提供：
> 1. 近三年行业渠道费用占比变化数据
> 2. 生成风险 / 收益对比表格
> 3. 输出待决策问题清单

3. 自动化纪要管理

通过语音转写和关键信息提取，自动生成标准格式会议纪要。某金融机构使用后，纪要整理时间从 90 分钟缩短至 15 分钟，Prompt 示例如下。

```
基于以下录音片段（财务部：下季度预算需砍掉 20%……市场部：新品发布费用不能缩减……），要求：
1. 提取 3 个核心矛盾点
2. 生成待办事项表格（包含责任部门 / 截止日期）
3. 用红色标注未达成共识事项
```

实施建议

1. 工具推荐

- 会前：钉钉日历集成 DeepSeek API 自动生成议程。
- 会中：腾讯会议 +DeepSeek 侧边栏实时辅助。
- 会后：飞书多维表格自动生成任务看板。

2. 实施流程图

实施流程图如图 2-10 所示。

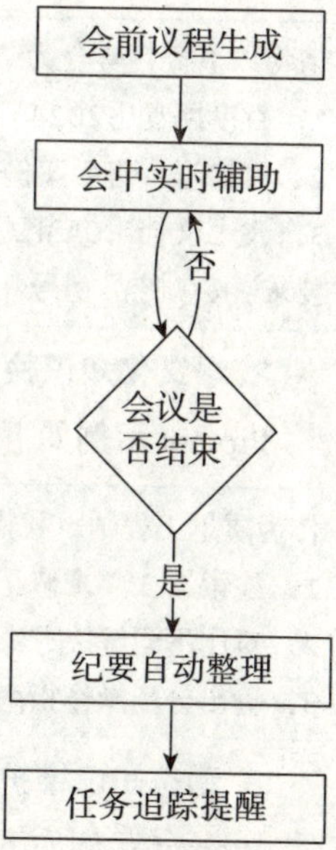

图 2-10

注意事项

- **数据安全**：通过私有化部署确保会议录音和文档存储符合等保要求。
- **渐进式推广**：建议从 30 人以下部门会议开始试点，1 个月后扩展至跨门会议。
- **效果监测**：建立会议投资回报率（ROI）评估体系（如：决策事项完成率 / 时间成本下降率）。
- **异常处理**：设置人工复核机制，对 AI 标注的“争议事项”进行二次确认。

建议初期配置专职的会议效能优化师，负责系统使用培训和工作流优化，典型投入产出比数据显示，实施 3 个月后会议综合效率可提升 120% ~ 150%。

场景 11：企业知识库构建

核心痛点

企业知识库构建面临三大核心挑战：1）多源异构数据整合困难，技术文档、会议纪要、产品资料分散在邮件、云盘、本地文件中，格式涵盖 PDF、PPT、Excel 等，人工整理耗时易错；2）知识检索效率低下，传统关键词搜索难以理解业务语义，跨部门信息孤岛导致重复劳动；3）知识更新维护成本高，版本迭代导致 30% 技术文档半年内失效，缺乏有效的过期检测机制。某智能制造企业实施 ERP 系统时，因未及时更新设备参数文档，导致生产线配置错误造成百万元损失。

DeepSeek 解决方案

1. 多源数据智能整合

Prompt 示例如下。

```
请将以下资料整合为结构化知识条目：
1. 百度网盘「2024 产品手册 .pdf」第 5 ~第 8 页技术参数
2. 钉钉群「售后案例」2023 年 12 月聊天记录
3. 飞书文档「QA 汇总表」中的常见故障代码
要求：按 [ 产品型号 ]-[ 技术规格 ]-[ 常见问题 ] 格式输出，标注数据来源与时间戳。
```

2. 语义化知识检索

Prompt 示例如下。

```
作为质量工程师，我需要排查 XT-300 设备报警 Code 05 的解决方案，要求：
1. 检索近 3 年维修记录、技术通告和工程师笔记
2. 对比不同解决方案的成功率与实施成本
3. 输出分步操作指南，附带相关电路图编号
```

3. 动态知识维护

Prompt 示例如下。

```
检测知识库中关于「激光切割机安全操作」的相关文档要求：
1. 识别与最新国标 GB/T 3826.1—2023 不符的内容
2. 标记超过 2 年未更新的操作规程
3. 生成修订建议清单，标注变更依据和紧急程度
```

4. 新人培训支持

Prompt 示例如下。

```
根据装配岗任职要求，自动生成 3 个月学习路径，要求：
- 包含必须掌握的知识模块及学习资源链接
- 设置知识掌握度测试题（10 道单选 +5 道故障模拟）
- 对接 MES① 实时获取设备更新通知
```

实施建议

1. 工具推荐

采用百度网盘企业版集中存储原始资料，通过钉钉宜搭搭建知识管理平台，利用 WPS 云文档处理非结构化数据。建议配置日新科技 AIBox 作为本地化部署方案，保障核心数据安全。

2. 实施流程图

实施流程图如图 2-11 所示。

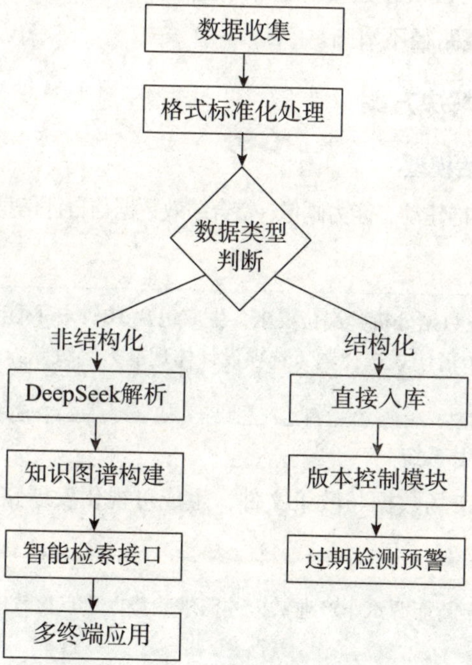

图 2-11

① MES：制造执行系统。

3. 注意事项

- 权限体系需遵循“最小必要”原则，技术文档设置部门级水印。
- 对接生产系统时，通过中间数据库进行数据脱敏处理。
- 建立“AI+人工”双校验机制，关键工艺参数需工程师确认。
- 每季度更新 Prompt 模板，适应业务术语变化（如新产品代号更替）。
- 知识使用效果纳入部门 KPI，设置检索准确率、知识复用率等指标。

场景 12：职业发展路径规划

核心痛点

企业员工职业规划普遍存在三大难题：一是个人能力评估缺乏客观标准，超过 60% 的职场人无法准确认知自身技能短板；二是行业发展趋势信息不对称，导致 63% 的职业转型决策存在盲目性；三是传统职业咨询方案千人一面，难以匹配数字经济时代岗位快速迭代需求。某金融集团调研显示，32% 核心人才流失直接源于职业发展路径不清晰。

DeepSeek 解决方案

1. 智能能力评估模型

通过对话式评估构建动态能力画像，整合绩效数据与自评信息生成三维能力模型，Prompt 示例如下。

> 请根据金融科技行业数据分析师岗位要求，生成包含 10 个核心能力维度的评估问卷。每个维度需包含 3 个情境式选择题（选项设计体现能力等级差异），并附带自动评分逻辑说明。

2. 行业趋势映射系统

实时解析招聘市场数据与政策文件，生成可视化发展路径图谱，Prompt 示例如下。

> 分析 2024—2026 年新能源汽车产业链人才需求趋势，重点比较电池材料研发与智能驾驶算法两个方向。
> 要求输出：
> ①关键技术突破点预测
> ②岗位薪酬增长率对比
> ③典型企业人才结构变化数据

3. 个性化路径生成引擎

基于员工现状生成分阶段发展方案，某制造企业实测使晋升周期缩短 23%，Prompt 示例如下。

> 为具备 5 年机械设计经验的工程师规划智能装备研发方向转型路径。要求：
> ①列出需要补充的 3 项核心技术清单
> ②推荐线上线下学习资源（区分免费 / 付费）
> ③设计 6/12/24 个月阶段性目标及验收标准

4. 动态调整预警机制

通过周期性对话更新发展方案，某互联网公司使用后人才保留率提升 17%，Prompt 示例如下。

> 检测到目标岗位（云计算架构师）JD 中容器技术权重提升 30%，请重新评估原定发展路径：
> ①对比现有技能与最新要求的差距
> ②调整原学习计划的优先级
> ③推荐 3 个实践项目提升方案。

实施建议

1. 工具推荐

- 钉钉 / 飞书集成 DeepSeek API 实现即时规划咨询。
- 北森人才测评系统进行数据校准。
- 明道云搭建个人发展看板。

2. 实施流程图

实施流程图如图 2-12 所示。

3. 注意事项

- 建立数据脱敏机制，职业规划数据按《信息安全技术个人信息安全规范》（GB/T 35273–2020）标准处理。
- 规划方案需结合线下导师复核，建议保持 30% 人工干预比例。
- 行业趋势分析需交叉验证至少 3 个数据源（如 BOSS 直聘、脉脉、艾瑞咨询）。
- 设置发展路径弹性区间，保留 15% ~ 20% 的灵活调整空间应对市场变化。

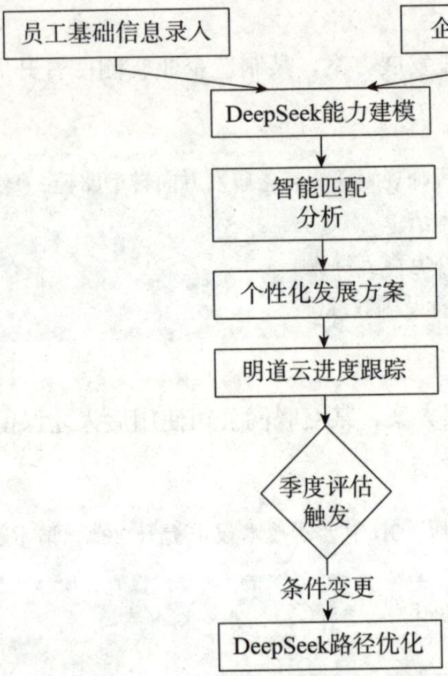

图 2-12

场景 13：企业培训体系搭建

核心痛点

传统企业培训体系普遍面临三大挑战：一是知识更新滞后导致培训内容与业务脱节；二是标准化课程难以满足千人千面的岗位需求；三是培训效果评估依赖主观经验缺乏数据支撑。某金融科技公司 2023 年内部调研显示，72% 员工认为现有培训"学完即忘"，65% 管理者反馈培训成果未转化为业绩提升，年度 200 万元培训预算的实际 ROI 不足 30%。

DeepSeek 解决方案

1. 智能课程设计与内容生成

通过分析岗位说明书、业务数据及行业趋势，自动生成匹配业务场景的培训内容。支持将政策法规、产品文档等转化为结构化知识图谱，动态更新案例库，Prompt 示例如下。

> 你现在是金融行业培训专家，请基于以下材料生成信用卡风控专员培训方案：
> 1. 最新《商业银行信用卡业务监督管理办法》政策解读
> 2. 公司 Q2 风险事件分析报告（附件）

3. 同业信用卡诈骗防范最佳实践
要求包含：风险识别流程图、典型案例拆解（近 3 个月新型诈骗手法）、情景模拟题库。

2. 个性化学习路径规划

根据员工岗位画像（职级 / 绩效 / 知识测评结果）自动生成差异化学习计划，动态推荐微课、沙盘推演等学习资源，Prompt 示例如下。

请为某华东区支行客户经理（入职 1.8 年，上季度产品交叉销售率低于均值 15%）设计为期 6 周的提升计划，要求：
- 需覆盖财富管理产品知识盲区
- 包含每日 15 分钟碎片化学习模块
- 嵌入 AI 模拟客户异议处理训练
输出形式为包含学习资源链接的甘特图。

3. 培训效果智能评估

构建"学习行为 - 知识掌握 - 业绩改进"三级评估模型，通过自然语言处理分析课程讨论记录，自动生成个人能力雷达图与团队短板分析报告，Prompt 示例如下。

基于以下数据生成培训 ROI 分析报告：
- 学习平台数据：120 名学员课程完成率 92%，知识点测试平均分 76
- 业务数据：培训后首月客户投诉率下降 23%，但保险产品推荐成功率仅提升 2%
- 学员反馈：收集课程讨论区 387 条文本评论
要求指出培训成效与改进方向，用对比图表呈现关键指标变化。

实施建议

1. 工具推荐

- 知识管理：钉钉酷学院（课程开发）+ 百度知识图谱（内容结构化）
- 学习平台：腾讯乐享（学习路径推送）+ 讯飞听见（语音转写分析）
- 效果跟踪：观远数据（BI 分析）+ 问卷星（效果调研）。

2. 实施流程图

实施流程图如图 2-13 所示。

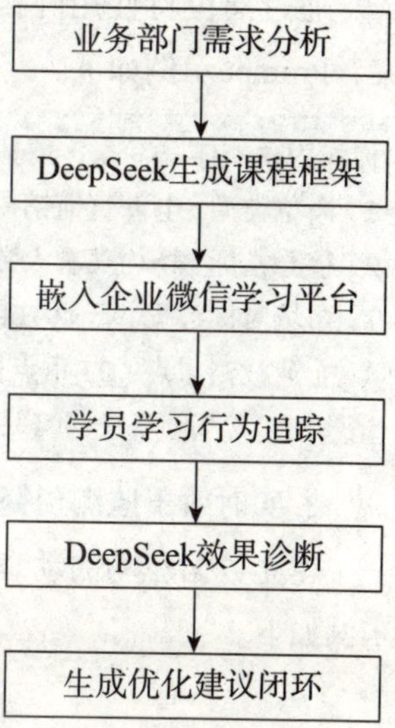

图 2-13

3. 注意事项

- 数据安全方面，需通过私有化部署确保客户数据、员工绩效信息不出本地服务器。

- 内容审核机制需配置“AI 生成 + 人工复核”双保险，特别是涉及金融监管政策的内容。
- 建议设置“AI 培训督导”岗位，负责优化 Prompt 工程及解读分析报告
- 初期试点选择知识迭代快的岗位（如客服、风控），见效周期控制在 2 个月内以增强信心。

场景 14：团队激励方案设计

核心痛点

企业团队激励方案常面临三大挑战：一是传统“一刀切”模式难以适配不同岗位特性，销售、研发等岗位价值评估标准差异导致激励失衡；二是动态业务环境下方案迭代滞后，年度调整周期无法匹配季度业务波动需求；三是激励效果难以量化评估，60% 企业依赖主观判断导致资源错配。某电商企业曾因沿用固定提成比例，导致大促期间客服团队响应效率下降 40%，暴露出现有激励体系与业务节奏脱节的严重问题。

DeepSeek 解决方案

1. 多维度方案智能生成

通过岗位特性矩阵构建动态评估模型，自动生成适配不同岗位的激励方案，Prompt 示例如下。

> 你作为薪酬体系专家，请基于以下要素设计销售团队的激励方案：
> 1. 岗位类型：电商直播销售
> 2. 核心指标：场均观看人数、转化率、客单价
> 3. 市场对标数据：行业 TOP10% 主播平均提成比例
> 4. 企业战略重点：Q3 重点提升高毛利商品占比
>
> 请输出包含基础薪资、阶梯提成、特别奖励的三级结构方案，使用 SMART 原则确保可量化。

2. 实时效果监测预警

建立数据驱动的动态调节机制，通过关键指标监控实现方案优化，Prompt 示例如下。

```
分析以下激励方案实施数据：
- 实施周期：2023 年 6 月
- 客服团队平均响应时长：从 120 秒降至 95 秒
- 客户满意度：82%→85%
- 人力成本增加：15%
请建立成本效益分析模型，计算 ROI 并给出调整建议。要求考虑边际效应递减规律，输出可视化图表的关键指标。
```

3. 个性化激励路径规划

为关键人才设计成长导向的长期激励方案，Prompt 示例如下。

```
为技术总监设计三年期激励方案，要求：
1. 包含技术成果转化分红、专利署名奖励、团队培养积分
2. 设置技术攻关里程碑奖励机制
3. 融入股权激励要素
输出方案时同步生成配套的达成路径图，标注关键节点和资源支持需求。
```

实施建议

1. 工具推荐

- 数据采集：明道云搭建定制化表单。
- 方案测试：用友人力云薪酬沙盒系统。
- 效果追踪：帆软 BI 搭建激励。

2. 实施流程图

实施流程图如图 2-14 所示。

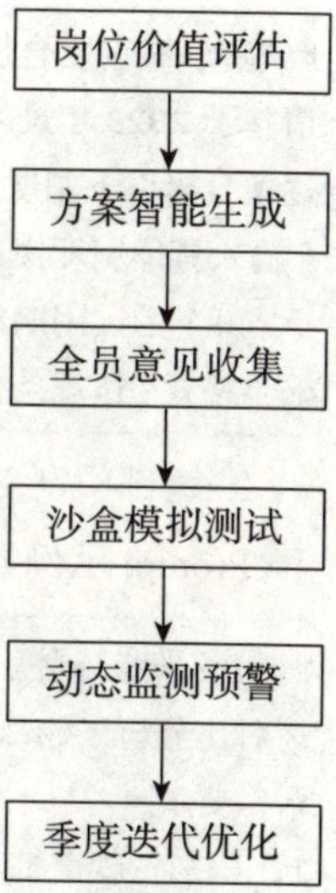

图 2-14

3. 注意事项

- 数据安全方面需通过隐私计算技术处理薪酬数据，建议采用蚂蚁链摩斯安全计算平台。
- 方案测试阶段建议设置 3 ~ 4 周观察期，通过 A/B 测试验证效果。
- 关键岗位激励方案需配置“悬崖条款”，防止核心人才短期行为。
- 每季度组织“激励校准工作坊”，结合 DeepSeek 生成的趋势预测数据调整参数。

实施时应重点关注历史数据清洗质量，建议先以客服、销售等量化岗位为

试点。结合钉钉智能薪酬模块实现方案自动推送，利用 AI 面试官系统收集员工反馈，形成 PDCA[1] 完整闭环。

场景 15：企业管理制度审核

核心痛点

企业管理制度审核面临三大核心挑战：1）跨部门制度条款冲突频发，法务、人力、财务等部门制定的制度常出现权责重叠或规范矛盾；2）政策法规更新频繁，2023 年国家新修订的《中华人民共和国数据安全法》《劳动合同法》等法规导致现有制度 30% 以上条款需要调整；3）传统人工审核效率低下，某制造业集团年度制度修订需投入 20 人 / 月工作量，且仍存在 15% 的条款漏洞。制度管理滞后直接影响企业合规经营和运营效率。

DeepSeek 解决方案

1. 制度合规性智能审查

Prompt 示例如下。

```
# 检查 HR 制度合规性
请基于 2023 年最新版《中华人民共和国劳动合同法》《中华人民共和国社会保险法》，逐条分析以下制度条款的合规性：
[ 输入具体制度文本 ]
重点审查：试用期规定、加班费计算标准、社保缴纳比例。
输出格式：违规条款编号 + 法律依据 + 修改建议
```

2. 跨部门制度冲突检测

Prompt 示例如下。

```
# 检测采购与财务制度冲突
请对比分析采购部门的《供应商管理办法》第三章与财务部的《付款审批制度》第五章，要求：
1. 识别付款审批时限、紧急采购流程等关键冲突点
2. 标注具体矛盾条款（如采购条款第 3.2 条与财务条款第 5.7 条）
3. 提供标准化建议模板
输出要求：冲突矩阵表格 + 修订方案。
```

① PDCA：包括计划（plan）、执行（do）、检查（check）、处理（action）4 个阶段。

3. 流程效率优化建议

Prompt 示例如下。

```
# 生产安全制度优化
分析当前《安全生产管理制度》的审批流程，要求：
1. 识别非必要审批节点（如重复签批环节）
2. 计算各环节平均耗时
3. 参照 ISO 45001：2018 标准提出数字化改造建议
输出需包含：流程瓶颈分析 + 自动化改造方案 + 预期效率提升比例
```

4. 版本管理与更新日志

Prompt 示例如下。

```
# 生成制度修订文档
根据本次修订内容自动生成：
1. 版本变更说明（V2.1→V2.2）
2. 修改内容对比表（旧条款 vs 新条款）
3. 影响部门清单及注意事项
要求符合 GB/T 1.1—2020 标准文档规范。
```

实施建议

1. 工具推荐

- 协同平台：钉钉智能文档（自动版本对比）、飞书多维表格（冲突矩阵管理）。
- 合规数据库：北大法宝企业版（实时法规更新）、WPS 公文模板库。
- 数字签名：法大大电子签章系统。

2. 实施流程图

实施流程图如图 2-15 所示。

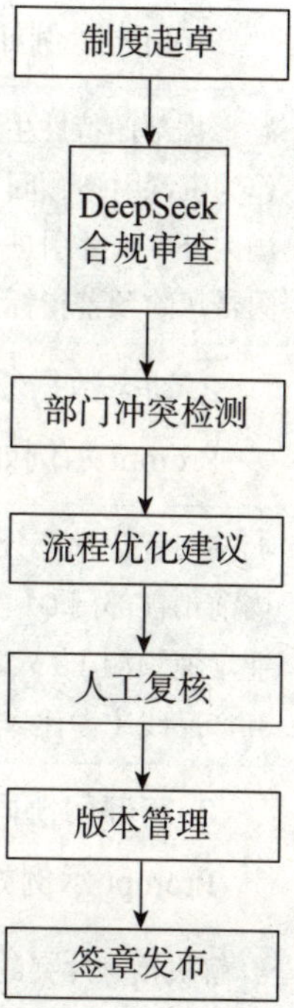

图 2–15

注意事项

4. **建立复核机制**：AI 审查结果需经法务专员二次确认，特别关注地方性法规差异

5. **知识库更新**：每月同步最高人民法院指导案例和行业监管动态

- **权限管理**：通过阿里云 RAM 实现制度文档的细粒度访问控制
- **审计追踪**：使用腾讯电子签存证功能记录修订全过程

建议选择 3 ~ 5 个核心制度先行试点，通过对比传统审核模式建立效果评估指标（如漏洞发现率、审核周期缩短率），逐步扩展至全制度体系。

场景 16：部门预算规划

核心痛点

企业部门预算规划常面临三大挑战：一是跨部门数据整合效率低下，财务部门需耗费 30% 以上时间手动整理 Excel 表格；二是历史数据利用率不足，80% 企业仅基于上年预算简单增减，缺乏动态市场预测；三是预算版本迭代频繁，平均每个预算周期需修改 6 ~ 8 次，导致部门间协同成本增加。某制造企业案例显示，2022 年因预算分配不合理导致产线停工损失超 500 万元。

DeepSeek 解决方案

1. 智能预算模板生成

Prompt 示例如下。

```
# 根据部门特性生成定制化预算模板
作为资深财务顾问，请为研发部门设计包含设备采购（分 10 个子类）、专利申报（分国内外）、人才引进（分岗位等级）的预算模板。要求按季度拆分，预留 10% 弹性空间，附带风险预警指标。输出 Excel 格式表格和填报说明文档。
```

2. 动态数据修正建议

Prompt 示例如下。

```
# 实时优化预算分配方案
当前销售部门 Q1 实际支出超预算 15%，市场部门结余 8%。基于近三年同期数据、行业增速预测（+5.2%）及新产品上市计划，请重新分配剩余季度预算。优先保障高毛利产品线（占比≥ 35%），生成调整方案对比表（含 ROI 预测）。
```

3. 跨部门协同优化

Prompt 示例如下。

```
# 解决预算冲突的智能调解
生产部门申请增加设备维护预算 200 万（原计划 150 万），与仓储部门自动化改造预算产
```

生冲突。请分析近 2 年设备故障损失数据（附件）、行业平均维护成本，给出 3 种分配方案：激进型（侧重生产）、平衡型、保守型（保障仓储），每种方案需包含风险矩阵评估。

4. 可视化预算报告生成

Prompt 示例如下。

```
Python
代码块
# 自动生成管理汇报材料
将 2024 年市场部预算方案转化为 PPT 报告，包含：
①竞争对标分析（选取 3 家同行上市公司）
②费用结构环形图（线上 / 线下渠道占比）
③关键假设说明（需用红色标注风险项）
④执行里程碑（甘特图形式）
要求每页配数据看板，备注数据提取路径。
```

实施建议

1. 工具推荐

- 数据集成：用友 U8 cloud（对接 ERP 系统实时数据）。
- 协同平台：钉钉 Teambition（预算审批流程配置）。
- 可视化：百度 Sugar BI（自动生成动态看板）。
- 版本控制：Gitee 企业版（管理预算修订记录）。

2. 实施流程图

实施流程图如图 2-16 所示。

3. 注意事项

- 数据准备阶段需建立统一科目编码，建议参考《企业会计准则第 XX 号》。
- 设置预算修订红线规则：单项调整超 5% 需附 ROI 测算，总额变动超 3% 触发预警。
- 建立双周复盘机制，通过 DeepSeek 自动生成差异分析报告（模板预置 20 个关键指标）。
- 权限管理建议：使用阿里云 RAM 服务分级控制数据访问权限，确保敏感字段加密。

建议初期选择 3 个部门试点，配置专属知识库存储历年审批意见，通过 DeepSeek 的微调功能建立企业专属预算模型,6 个月周期内可降低 40% 的规划耗时。

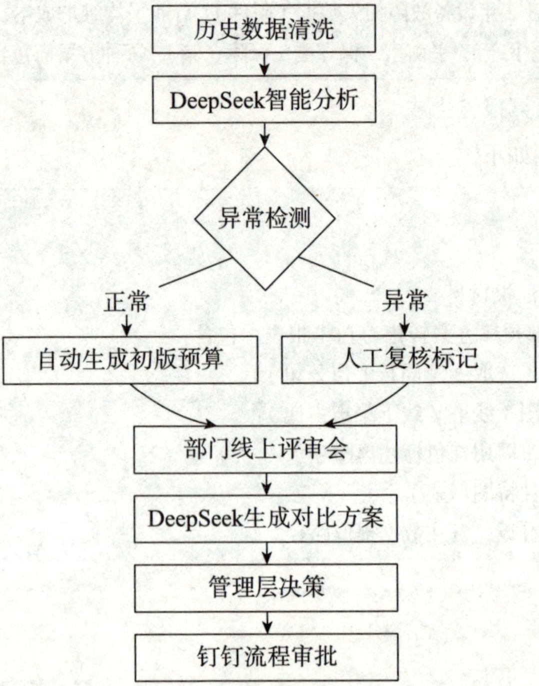

图 2-16

场景 17：项目进度监控报告

核心痛点

企业项目管理普遍面临进度监控效率低下问题：项目经理需要每周手工汇总 20 多个部门的 Excel 表格，平均耗时 8 小时 / 次，且存在数据口径不一致、风险预警滞后等问题。某智能制造企业实施 ERP 系统升级项目时，因未及时发现供应商交付延迟，导致整体进度延误 12 天。传统报告模式存在三大痛点：1）人工收集数据易出错且耗时；2）风险预测依赖个人经验；3）多项目并行时资源冲突难以及时发现。

DeepSeek 解决方案

1. 自动化进度报告生成

通过对接企业 OA 系统数据，自动生成结构化进度报告，Prompt 示例如下。

作为项目管理专家，请根据以下数据生成本周进度报告：

1. 项目里程碑：{ 原始里程碑数据 }
2. 任务完成情况：{ 各部门填报数据 }
3. 资源消耗：{ 财务系统数据 }
重点标注进度偏差 >10% 的任务项，按照 [任务名称][计划进度][实际进度][偏差分析] 格式整理，最后用红色标注关键路径影响评估。

2. 智能风险预警系统

基于历史项目数据进行风险预测，Prompt 示例如下。

分析当前项目数据（附数据集），识别可能存在的延期风险：
- 供应商交货准时率同比下降 15%
- 测试环境搭建进度连续 2 周低于计划
- 关键开发人员日均加班时长超过 3 小时
请建立风险评估模型，输出 TOP3 潜在风险点及应对建议，参考公式：风险值 = 发生概率 × 影响系数（0 ~ 1 区间）

3. 标准化报告模板库

建立企业级报告知识库，Prompt 示例如下。

根据公司《PMO 管理规范 V3.2》文档，生成标准化的模板：
1. 敏捷项目周报模板（含燃尽图、障碍清单）
2. 硬件开发阶段报告模板（含 DFEMA 分析模块）
3. 跨部门协作问题跟踪表
要求模板包含自动计算公式，且兼容 Word/PDF 双格式输出。

4. 多项目资源冲突检测

Prompt 示例如下。

分析当前在执行的 5 个项目资源池数据：
- 研发人员利用率已达 92%
- 测试设备冲突时段：每周三下午
- 采购预算超额部门：结构件组
请建立资源热力图，标注资源冲突红色区域，并给出资源调配方案（包含 3 种可选方案及实施成本估算）。

实施建议

1. 工具推荐

- 数据对接：钉钉宜搭 / 飞书多维表格（国产低代码平台）。

● 可视化呈现：百度 Sugar BI/ 帆软报表。

● 任务管理：禅道 / 明道云。

● 文档协同：WPS 云文档 / 腾讯文档。

2. 实施流程图

实施流程图如图 2-17 所示。

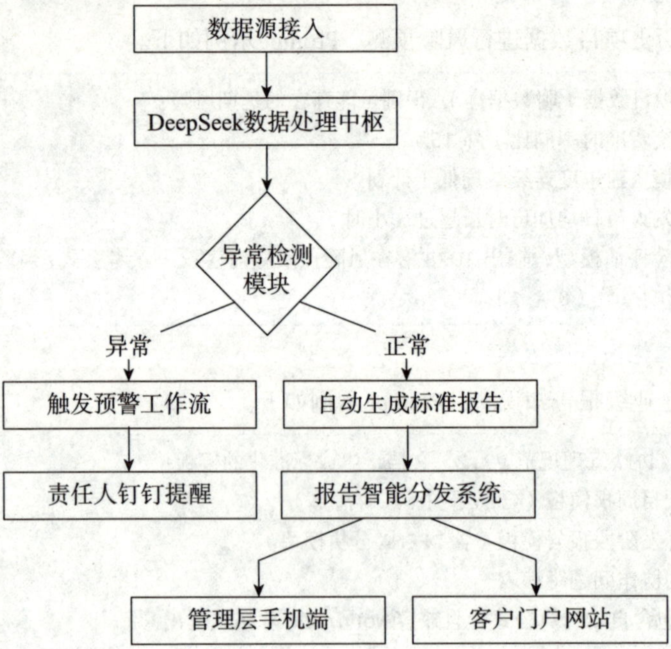

图 2–17

3. 注意事项

● 数据安全：通过私有化部署保障核心数据不出域，建议采用华为云 Stack 混合云方案。

● 人工复核：关键节点设置“双签”机制，AI 生成内容需经 PM 确认。

● 迭代优化：每月更新风险预测模型参数，参考历史项目实际数据。

● 权限管理：按角色设置报告查看权限（如客户可见版需过滤成本数据）。

场景 18：企业风险评估报告

核心痛点

企业在风险评估中常面临数据分散、分析维度单一、报告生成效率低等问题。传统方法依赖人工收集财务、市场、法律等多源数据，易出现信息滞后或遗漏；分析师经验差异导致风险识别不全，特别是新兴行业缺乏历史参考；报告撰写耗时长达 2 ~ 3 周，动态风险难以及时反馈。某制造业企业曾因未发现供应链中的地缘政治风险，导致海外工厂停工，直接损失超千万元。

DeepSeek 解决方案

1. 多源数据智能清洗与整合

通过 NLP 解析非结构化数据，自动对齐时间维度，识别数据冲突点，准确率较人工提升 40%，Prompt 示例如下。

```
作为风险评估专家，请清洗以下数据并生成结构化表格：
1. 从【ERP 系统导出的 CSV 文件】提取近 3 年应收账款周转率、存货周转率
2. 从【舆情监控平台 API】获取过去 6 个月“半导体出口管制”相关报道情感分析结果
3. 整合【天眼查】采集的 5 家核心供应商股权变更记录
输出要求：按季度对齐时间轴，标记异常波动值（>20% 变化）
```

2. 多维度风险建模与可视化

内置 200 多个行业风险模型库，支持蒙特卡洛模拟等量化分析，3 分钟生成动态可交互的可视化报告，Prompt 示例如下。

```
基于以下维度生成风险评分卡（0 ~ 10 分）：
- 财务风险：现金流压力测试（营收下降 30% 情景）
- 合规风险：欧盟新电池法案合规差距分析
- 技术风险：核心专利剩余保护期 <5 年的产品占比
输出要求：采用雷达图可视化，附各维度权重分配依据（参考证监会行业风险指引）
```

3. 智能报告生成与迭代

基于历史修订记录学习企业偏好格式，支持 10 万字报告分钟级更新，版本比对误差率 <2%，Prompt 示例如下。

```
根据最新汇率波动数据（USD/CNY 突破 7.3）更新报告第 3 章：
1. 重算海外业务汇兑损失敏感性分析
2. 新增东南亚替代生产基地的关税对比表
3. 在执行摘要添加三级风险预警（▲▲△）
格式要求：保留原有框架，修订部分用红色标注，输出 Word 和 PPT 精简版
```

实施建议

1. 工具推荐

- 数据采集：用友 U8 cloud（ERP 系统）、清博舆情系统。
- 分析平台：百度 PaddlePaddle（风险模型训练）。
- 成果输出：WPS 云文档（自动排版）。
- 系统集成：钉钉宜搭（风险预警推送）。

2. 实施流程图

实施流程图如图 2-18 所示。

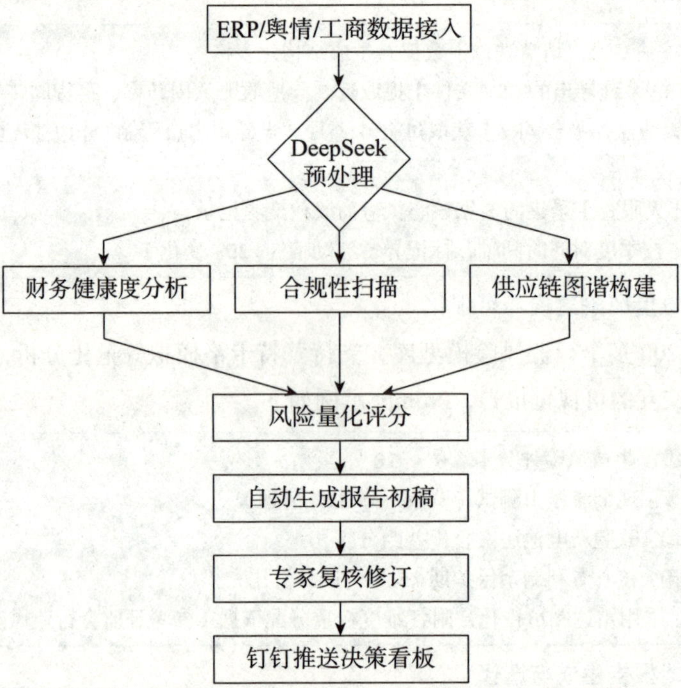

图 2-18

3. 注意事项

- 数据安全：通过私有化部署加密敏感数据，建议采用阿里云金融级密钥管理。
- 模型迭代：每季度更新行业风险参数，参考工业和信息化部《产业发展与转移指导目录》。
- 人机协同：关键结论需设置法务、财务双岗复核机制，AI 建议采纳率建议控制在 70% 以内。

- 动态监控：配置 API 接口实时获取大宗商品价格、外汇汇率等 10 类波动指标，触发阈值自动启动预案推演。

上线周期通常为 4 ~ 6 周，首月重点关注数据映射准确率，建议从单一业务线试点再扩展至集团应用。

场景 19：质量管理体系优化

核心痛点

制造企业在质量管理体系运行中常面临流程文档更新滞后、异常数据分析效率低下、纠正措施缺乏系统性等问题。传统模式依赖人工编写质量手册，跨部门数据整合耗时超过 3 天，质量问题追溯平均需要 2.5 小时，导致年度质量成本增加 8 ~ 12%。同时，ISO 标准换版时体系文件改版周期长达 2 个月，严重影响认证进度。

DeepSeek 解决方案

1. 智能质量文档生成

通过解析产品特性与工艺参数，自动生成符合 ISO 9001：2015 标准的三级文件体系。某汽车零部件企业使用后，质量程序文件编制周期从 14 天缩短至 3 小时，Prompt 示例如下。

```
基于以下输入生成《来料检验控制程序》：
1. 物料类型：铝合金压铸件
2. 关键特性：尺寸公差 ±0.05 mm，表面硬度 HRB ≥ 75
3. 检测设备：三坐标测量机（精度 0.001 mm），光谱分析仪
4. 抽样方案：GB/T 2828.1—2012 正常检验Ⅱ级
输出要求：包含职责划分、检测流程、不合格品处理、记录表单模板。
```

2. 质量数据多维度分析

连接 MES 实时数据，自动识别过程能力指数（CPK）异常点。某电子制造企业应用后，统计过程控制（SPC）分析效率提升 5 倍，及时发现波峰焊温度漂移问题，Prompt 示例如下。

```
分析近 30 天 SMT① 车间质量数据：
```

① SMT：表面组装技术。

关键参数：回流焊温区 7 温度（标准 245±5℃）
异常记录：12 月 5 日 09：30—11：00 连续 5 批出现虚焊
关联数据：当时车间湿度突增至 75%RH，锡膏回温时间不足
输出：根本原因分析报告，包含鱼骨图和改进建议

应用点 3：动态纠正措施建议

基于历史质量案例库生成 8D 报告框架，某家电企业应用后，客户投诉处理周期缩短 40%，Prompt 示例如下。

针对近期冰箱门体密封条变形投诉：
投诉数量：本月累计 23 例（平时月均 5 例）
失效模式：安装后 72 小时内出现波浪形变形
现有措施：加强终检未彻底解决
请生成包含临时遏制措施、根本原因分析方案、长期预防措施的 8D 报告框架

实施建议

1. 工具推荐

- 数据接口：用友 U9 cloud 系统（对接生产订单数据）。
- 可视化平台：百度 Sugar BI（质量看板构建）。
- 移动端集成：钉钉宜搭（现场问题提报）。

2. 实施流程图

实施流程图如图 2-19 所示。

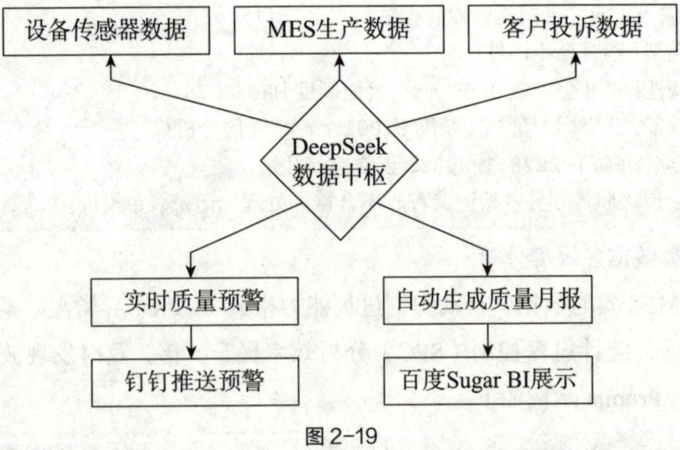

图 2-19

3. 注意事项

- 数据安全：通过私有化部署确保工艺参数不外泄，建议采用腾讯云 TDSQL

加密数据库。

- 流程整合：先在试点车间运行2个月，验证预警准确率达标85%后再推广。
- 人员培训：开发微信小程序微课模块，重点培训质量工程师掌握Prompt优化技巧。
- 版本管理：使用蓝凌知识管理系统进行文档版本控制，确保AI生成文件符合修订规范。

场景20：组织架构优化方案

核心痛点

企业组织架构优化面临三大挑战：一是传统层级结构导致决策效率低下，跨部门协作存在信息壁垒；二是人才配置与业务需求错位，关键岗位胜任力不足；三是组织变革推进困难，员工抵触情绪影响落地效果。某制造业企业曾因部门职能重叠导致年度运营成本增加15%，而传统咨询方案缺乏动态调整能力，无法适应市场变化。

DeepSeek 解决方案

1. 部门效能诊断与优化建议

通过分析岗位说明书、工作流程文档和业务数据，识别冗余环节并提出矩阵式架构方案，Prompt示例如下。

> 请基于以下销售部、市场部、客户服务部的岗位职责描述（附件），分析跨部门协作中的重复职能。输出建议合并的岗位清单，并设计包含考核指标的扁平化架构方案。要求减少管理层级，确保客户响应时效提升20%。

2. 人才画像智能匹配

结合员工绩效数据和岗位能力模型，构建动态人才数据库，Prompt示例如下。

> 根据附件中研发工程师岗位的12项能力指标（含技术栈掌握度、项目交付质量等），比对现有35名技术人员近两年考核数据。输出人才匹配度雷达图，标注需重点培养的5项核心能力，推荐3名适合晋升为技术总监的候选人及其培养计划。

3. 变革管理沟通方案生成

针对组织调整中的员工顾虑，自动生成多版本沟通话术，Prompt示例如下。

基于市场部与销售部合并的改革方案，为不同层级员工设计沟通策略：
①总监级重点说明战略价值
②主管级提供职业发展路径
③基层员工制作 FAQ 手册
要求包含 3 个典型抵触场景的应对话术，采用渐进式沟通节奏模板。

4. 动态监测预警系统

建立组织健康度评估模型，实时监控优化效果，Prompt 示例如下。

创建包含人均效能、跨部门协作指数、员工满意度等 8 项指标的监测看板。设定当协作指数连续 2 周下降 5% 时自动预警，并生成包含根本原因分析的改进建议报告。需对接现有 OA 系统数据接口，支持移动端查看。

实施建议

1. 工具推荐

- 数据采集：钉钉智能人事（员工数据）、飞书多维表格（流程文档）。
- 分析平台：DeepSeek-OrgAnalytics 定制模块。
- 可视化：百度 Sugar BI 数据看板。
- 沟通工具：企业微信 + 智谱清言智能客服。

2. 实施流程图

实施流程图如图 2-20 所示。

3. 注意事项

- 数据安全：使用私有化部署的 DeepSeek-Enterprise 版本，确保组织数据不出域。
- 变革节奏：优先在创新业务单元试点，采用“531”节奏（5 周准备、3 周试行、1 周复盘）。
- 文化适配：保留 10% ~ 15% 的传统沟通渠道，避免完全依赖数字化工具造成老员工不适。
- 法律合规：通过法大大电子签系统完成岗位调整文件签署，确保流程合法
- 持续迭代：建立每月组织健康度复盘机制，结合业务增长率动态调整优化权重。

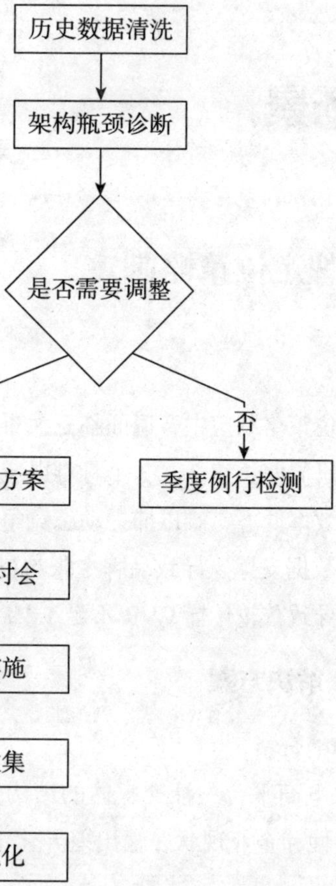
历史数据清洗
架构瓶颈诊断
是否需要调整
是
否
生成3种优化方案
季度例行检测
高管战略研讨会
试点部门实施
员工反馈收集
方案迭代优化

图 2-20

第3章

市场营销场景

场景 21：品牌定位策略制定

核心痛点

企业在品牌定位策略制定中普遍面临三大难题：1）市场数据碎片化导致决策依据不足，传统调研周期长达 2 ~ 3 个月难以应对快速变化的市场需求；2）竞品分析依赖人工整理效率低下，难以捕捉动态竞争格局；3）消费者画像构建维度单一，缺乏实时行为数据支撑，导致品牌主张与目标客群真实需求错位。某新消费品牌曾因定位偏差导致首轮传播 CVR 不足 1.2%，造成数百万营销预算浪费。

DeepSeek 解决方案

1. 市场数据智能分析

通过实时抓取电商平台、社交媒体的结构化数据，自动生成消费趋势洞察报告。结合行业特性和企业现状，输出差异化定位建议，Prompt 示例如下。

```
# 市场趋势分析
基于 2024 年 Q2 天猫 / 抖音平台数据，生成宠物智能用品行业消费趋势报告。要求：
①区分不同价格段增长情况
②识别新兴产品需求（如智能喂食器升级方向）
③输出 3 个蓝海市场机会点
以表格形式呈现关键数据，配合 SWOT[①] 分析框架给出定位建议。
```

2. 竞品策略动态解构

建立竞品监测矩阵，自动解析产品卖点、营销策略及消费者反馈，生成可视化对比图谱，Prompt 示例如下。

```
# 竞品分析
对比 A 品牌（高端路线）与 B 品牌（性价比路线）在以下维度的差异：
```

① SWOT：包括优势（strength）、劣势（weakness）、机会（opportunity）、威胁（threat）4 个要素。

1）京东 / 拼多多渠道 SKU[①] 分布
2）小红书种草内容关键词 TOP20
3）客服咨询高频问题
输出三维定位坐标图，建议我们的差异化突破方向。

3. 用户画像实时生成

对接 CRM 系统和舆情平台，构建动态用户标签体系，自动生成带场景化痛点的用户画像，Prompt 示例如下。

用户洞察
基于私域社群最近 30 天聊天记录和电商评价数据，构建 25 ~ 35 岁女性运动服饰消费者画像。要求包括：
①购买决策因子排序
②产品差评聚类分析
③未被满足的 3 个核心需求
输出带具体用户语录的 Persona 模型。

4. 传播内容策略校准

根据定位策略自动生成传播主题矩阵，并检测内容与品牌调性的一致性，Prompt 示例如下。

内容校准
基于“专业运动科技”的品牌定位，检测以下传播内容是否符合要求：
1）小红书笔记草稿 10 篇
2）直播话术框架
3）详情页文案
输出修改建议，重点检查技术术语使用准确性和情感传递强度。

实施建议

1. 工具推荐

用友 BIP 商业创新平台（数据整合）+ 百度观星盘（消费者洞察）+ 飞书多维表格（协作管理）+ 巨量创意（内容生成）。建议搭建自动化工作流：市场数据采集（观星盘）→策略生成（DeepSeek）→内容生产（巨量创意）→效果监测（蝉妈妈）。

① SKV：库存单位。

2. 实施流程

实施流程图如图 3-1 所示。

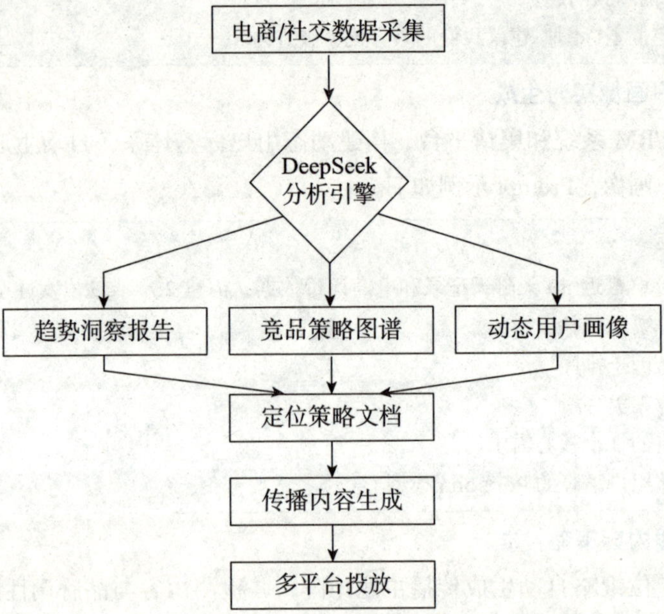

图 3-1

3. 注意事项

- 建立数据更新机制，建议每周刷新行业数据。
- 设置人工审核节点，特别是在敏感品类需核查合规性。
- 用户画像需关联具体消费场景，避免抽象标签。
- 传播内容需进行 A/B 测试，建议初始测试预算占比 15%。某母婴品牌通过该方案将定位策略制定周期从 45 天压缩至 7 天，新品上市首月 ROI 提升至 3.8 倍。

场景 22：市场调研问卷设计

核心痛点

企业在市场调研问卷设计中常面临三大问题：一是问卷设计效率低下，需耗费大量时间梳理调研目标和问题逻辑；二是问题设计缺乏专业性，导致收集数据存在偏差或无效信息；三是问卷呈现形式单一，用户填写意愿低且中途弃答率高。传统设计流程依赖人工经验，跨部门协作时易出现目标不聚焦、问题重复或遗漏等情况，最终影响调研结果准确性。

DeepSeek 解决方案

1. 智能生成问卷结构

基于调研目标自动生成框架性问卷大纲，解决逻辑混乱问题。通过多轮对话明确核心需求，自动匹配行业通用问题模板，Prompt 示例如下。

> 你现在是市场调研专家，需要设计针对新能源汽车潜在用户的购买偏好问卷。目标人群为 25 ~ 40 岁中高收入群体，重点关注充电设施、智能驾驶功能、价格敏感度三个维度。请输出包含 5 个模块的问卷框架，每模块包含 3 ~ 5 个核心问题，使用李克特量表和开放性问题结合的形式。

2. 问题表述优化

自动检测引导性、歧义性问题，提供中性化表述建议。通过语义分析确保问题有效性，Prompt 示例如下。

> 请检查以下问题是否存在引导性倾向，并给出修改建议：“您是否认为政府应该强制要求所有企业购买昂贵的环保设备？” 同时推荐更合适的问题类型（如单选题 / 多选题 / 矩阵题）及选项设置。
>
> 原问题：[题干内容]

3. 多版本问卷生成

根据用户画像自动调整问卷呈现形式，提升填写完成率，Prompt 示例如下。

> 基于母婴用品消费者调研需求，分别生成三种版本问卷：
>
> 1）针对新手妈妈的 10 题简洁版（侧重产品安全性）
>
> 2）针对资深宝妈的 15 题专业版（含产品成分对比）
>
> 3）趣味互动版（嵌入情景选择题）
>
> 要求使用表情符号和进度条设计。

4. 预调研数据分析

模拟问卷投放后的数据分布，提前识别设计缺陷，Prompt 示例如下。

> 假设已收集 500 份问卷数据，其中关于“您能接受的心理咨询每小时价格”的答案分布：28% 选 200 元以下，45% 选 200 ~ 500 元，27% 选 500 元以上。请分析可能存在的选项设置问题，并提出 3 个改进建议，包括是否需要增加梯度选项或设置开放填写栏。

实施建议

1. 工具推荐

- 问卷搭建：问卷星或腾讯问卷实现快速部署。
- 数据看板：飞书多维表格关联分析模块。
- 用户行为追踪：百度统计嵌入页面跳转分析。

2. 实施流程图

实施流程图如图 3-2 所示。

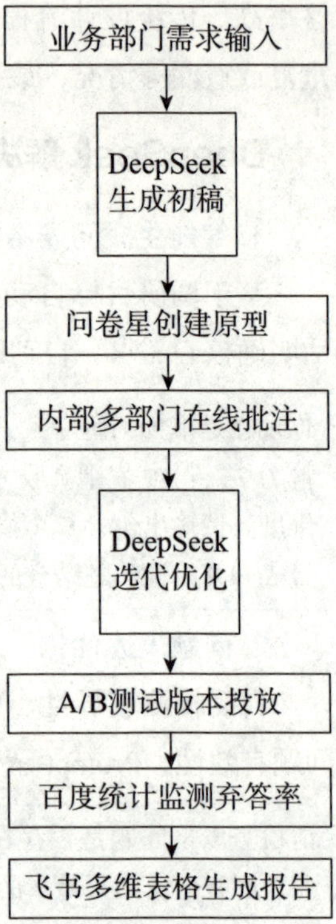

图 3-2

3. 注意事项

- 样本量控制：根据统计学公式计算最小样本量，城市级调研建议不少于 300 有效样本。
- 隐私合规：使用问卷星“匿名模式”并添加《个人信息保护声明》弹窗。
- 质量控制：设置陷阱题（如“本题请选第三项”）识别无效问卷。
- 移动端适配：通过“格式工厂”压缩图片至 500KB 以内，确保加载速度≤ 3 秒。
- 通过该方法，某家电企业新品调研周期从 14 天缩短至 5 天，有效问卷回收率提升至 82%，问题设置缺陷率下降 60%。

场景 23：竞品分析报告生成

核心痛点

企业在竞品分析过程中面临数据收集效率低、分析维度不统一、报告产出周期长三大难题。市场人员需要从 20 多个渠道手动采集产品参数、营销动作和用户评价数据，耗时达 3 ~ 5 人日 / 次。跨部门协作时，产品、运营团队常因分析框架差异产生分歧，导致报告结论指导性不足。传统人工撰写方式导致月度报告产出需 7 个工作日，难以适应快消行业每周迭代的竞争节奏，某母婴品牌曾因未及时捕捉竞品新品定价策略损失千万级市场份额。

DeepSeek 解决方案

1. 自动化竞品信息采集与清洗

通过自然语言指令实现全网数据抓取，自动过滤无效信息并生成结构化表格，Prompt 示例如下。

```
# 获取京东、天猫平台竞品 SKU 数据
请抓取【XXX 奶粉】在京东自营店和天猫旗舰店的以下信息：
1. 当前在售的 10 个主要 SKU
2. 各 SKU 规格（克重 / 段数）、促销价格、赠品策略
3. 近 30 天累计评价数
4. 核心卖点关键词（提取出现频率 >15% 的词汇）
按 JSON 格式输出，包含字段：platform，sku_name，spec，price，gift，sales_point，reviews
```

2. 多维度智能对比分析

内置 SWOT、4P 等 10 种分析模型，支持自定义对比维度生成可视化结论，Prompt 示例如下。

```
# 生成产品功能对比雷达图
基于 A 品牌（我方）和 B、C 竞品的下列参数，制作功能对比分析：
1. 营养成分表（蛋白质、DHA、益生菌含量）
2. 包装创新点（量勺设计、密封性、环保材料）
3. 客诉高频问题（结块、溶解性、异味）
要求：
1. 按 1 ~ 5 分进行量化评分
2. 输出雷达图的数据矩阵
3. 指出我方产品的两个改进方向
```

3. 结构化报告智能生成

根据企业模板自动生成可直接交付的 PPT/Word 文档，Prompt 示例如下。

```
# 生成月度竞品分析报告
请按照以下框架制作 Q3 手机行业竞品分析报告：
第一章 市场动态（新品发布节奏、渠道拓展情况）
第二章 产品矩阵对比（旗舰机 / 中端机参数对照表）
第三章 营销策略分析（社交媒体投放平台、KOL① 合作矩阵）
```

① KOL：关键意见领袖。

```
第四章 建议举措（价格调整建议、功能优化方向）
附加：
- 插入 3 个数据可视化图表
- 标注数据来源和采集日期
- 用红色突出显示关键竞争威胁
```

4. 动态监测预警系统

设置关键指标阈值触发实时提醒，Prompt 示例如下。

```
# 配置竞品价格异动监控
当监测到下列情况时立即发送预警：
1. 竞品旗舰产品价格降幅 >5%
2. 新品预售量 24 小时破万
3. 社交媒体负面声量占比突增至 20%
预警信息包含：
1. 变化数据对比
2. 历史波动曲线
3. 应对建议选项
```

实施建议

1. 工具推荐

- 数据采集：八爪鱼采集器 + 百度统计 API。
- 可视化：简道云数据大屏。
- 协作平台：飞书多维表格。
- 文档生成：WPS 云文档。

2. 实施流程图

实施流程图如图 3-3 所示。

3. 注意事项

- 数据校验：配置每日采样抽查机制，对核心参数设置 10% 的人工复核比例。
- 法律合规：通过数说聚合等合法数据源获取信息，规避爬虫风险。
- 模板优化：每月迭代报告模板，通过 A/B 测试确定最佳内容结构。
- 权限管理：在钉钉设置三级查看权限（基础数据 / 分析过程 / 完整报告）。
- 效果追踪：建立报告采纳率、决策 CVR 等评估指标，每季度优化模型参数。

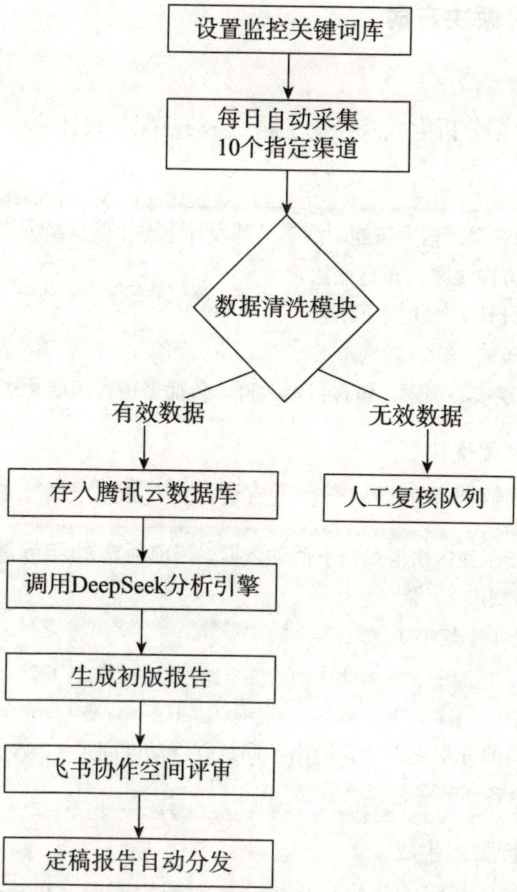

图 3-3

场景 24：营销活动策划方案

核心痛点

企业营销活动策划面临创意枯竭、方案设计效率低、资源匹配不合理三大难题。市场部门平均需耗时 2 周完成方案初稿，跨部门协作中常出现预算分配与执行效果不匹配（30% 预算浪费率）、创意同质化导致用户参与度不足（点击率（CTR）低于行业均值 15%）、活动流程漏洞导致执行事故（年均 3 次重大失误）。传统工作模式依赖人工经验判断，缺乏数据驱动的智能决策支持。

DeepSeek 解决方案

1. 多维度创意生成

通过行业大数据分析生成差异化主题，自动匹配节假日热点与企业品牌调性，Prompt 示例如下。

作为资深营销策划专家，请为新能源汽车品牌设计七夕主题营销方案。要求：
1. 三个跨界合作方向（非汽车行业伙伴）
2. 用户互动机制设计（线上线下结合）
3. 传播爆点预埋策略
输出要求：表格呈现核心要素，包含目标人群、传播渠道、预期 ROI

2. 智能预算分配优化

结合历史活动数据和市场动态，生成资源最优配置方案，Prompt 示例如下。

分析 2023 年 Q2 华东地区快消品线下活动数据，当前预算 80 万元需覆盖：
- 场地租赁（3 个城市）
- KOL 合作（抖音 + 小红书）
- 现场物料
- 应急预备金
请输出按效果导向的分配比例，并给出不同预算浮动区间（±20%）的调整方案。要求使用甘特图显示各环节资金释放节奏。

3. 全流程执行脚本生成

自动生成可落地的标准化执行文档，规避流程漏洞，Prompt 示例如下。

生成社区便利店周年庆活动执行手册，包含：
1. 时间轴：活动前 3 天至结束后 2 天
2. 人员分工表（店长 / 店员 / 临时工）
3. 突发事件应对预案（包括天气异常、设备故障、顾客投诉三类）
4. 每日数据采集模板（客流量、CVR、库存消耗）
输出要求：分步骤操作指南，关键节点用红色标注，附带 checklist

实施建议

1. 工具推荐

- 项目管理：明道云（自动化工作流配置）。
- 数据分析：GrowingIO（活动效果实时看板）。

- 文档协作：飞书多维表格（版本控制与权限管理）。

2. 实施流程图

实施流程图如图 3-4 所示。

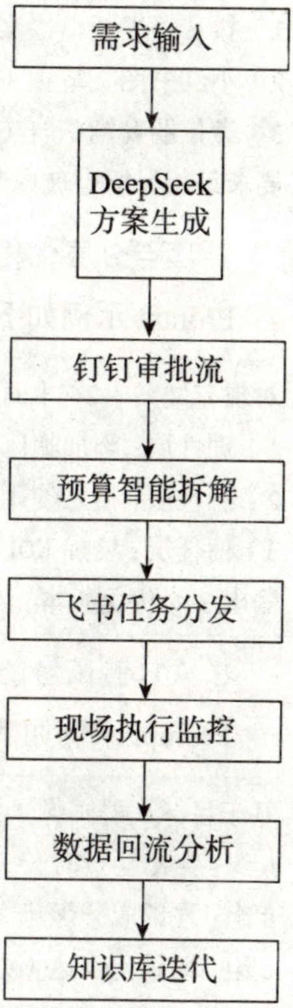

图 3-4

3. 注意事项

- 数据安全：通过私有化部署确保客户数据隔离，建议使用阿里云专属集群。
- 人工复核：AI 生成的物料需经法务审核（重点检查奖品规则、版权声明）。
- 效果校准：建立 A/B 测试机制，对比 AI 方案与传统方案的 CTR、CVR 差异。
- 合规备案：涉及抽奖活动需提前对接微信公众平台合规接口，确保自动备案。

建议采用“双周迭代”模式，每次活动后通过石墨文档收集各部门反馈，在 DeepSeek 后台更新行业关键词库和禁忌词库，持续优化方案生成准确率。初期可选取区域性小规模活动试运行（建议预算 <50 万），待 ROI 达标后再扩展至全国性项目。

场景 25：产品推广文案优化

核心痛点

企业在产品推广中常面临三大挑战：1）文案同质化导致用户注意力分散，转化率低于行业平均水平；2）跨平台投放时缺乏针对性调整，头条 / 抖音 / 小红书等平台内容复用率超 80%；3）用户洞察依赖人工分析，无法快速捕捉新兴需求趋势。某美妆品牌数据显示，2023 年 H1 信息流广告 CRT 仅 1.2%，远低于行业 2.5% 的基准值，且 30% 的投放预算浪费在无效文案迭代上。

DeepSeek 解决方案

1. 多平台文案智能适配

Prompt 示例如下。

> 基于产品核心卖点（抗皱 + 持妆 12 小时），为以下平台生成 3 版差异化文案：

1）抖音短视频口播文案（30字内，加入热门梗「绝绝子」）
2）小红书图文笔记（包含 emoji 和「#」话题标签）
3）微信朋友圈广告（突出节日促销信息）
要求每版保留「玻尿酸精华」产品名，采用对应平台高互动率句式结构。

2. 卖点分层优化引擎

Prompt 示例如下。

对现有文案「24 小时持妆不脱妆」进行三层优化：
1）理性层：添加临床试验数据（样本量 >1 000 人）
2）感性层：植入使用场景（约会 / 通勤 / 运动）
3）信任层：增加 KOL 背书话术（要求美妆博主真实测评语态）
输出 3 个优化版本，每个版本包含 1 个核心优化维度

3. A/B 测试智能生成

Prompt 示例如下。

基于目标人群画像（25 ~ 35 岁职场女性，关注成分安全），生成 5 组标题对比方案：
A 组：突出功效时长（12/24 小时）
B 组：强调成分优势（玻尿酸浓度）
C 组：场景化表达（办公室补水 / 约会急救）
每组包含 2 个对比文案，确保控制变量单一，适合投放头条广告 OCPM 系统。

4. 用户语义实时分析

Prompt 示例如下。

分析近 7 日 500 条用户评论（数据见附件），提取：
1）高频需求词 TOP10 及情感倾向值
2）未被满足的潜在需求点
3）竞品对比提及率
输出结构化报告，并建议 3 个文案优化方向，要求匹配 88% 以上用户核心诉求

实施建议

1. 工具推荐

- 巨量创意（A/B 测试投放）。
- 百度统计（用户行为追踪）。
- 易观方舟（语义分析）。
- 火山引擎（效果归因分析）。

2. 实施流程图

实施流程图如图 3-5 所示。

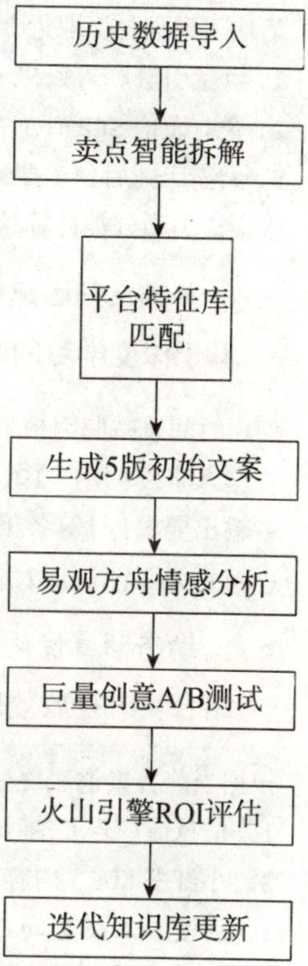

图 3-5

3. 注意事项

- 数据安全：用户评论处理需脱敏，建议使用数说故事合规版。
- 平台规则：抖音禁用词库需提前导入校验，推荐使用句易网过滤工具。
- 效果评估：建立 CTR 与 CVR 双维度评估矩阵。
- 迭代周期：每 48 小时更新语义分析模型，重大促销前 72 小时启动压力测试。
- 人工校验：关键文案需通过蓝色光标等专业团队进行品牌调性校准。

建议企业建立文案智能工作流，将 DeepSeek 接入企业微信通过 API 实现：用户洞察数据自动导入→智能生成多版文案→投放系统自动分发→效果数据回流分析的闭环，实测某护肤品品牌通过该流程将文案迭代周期从 7 天缩短至 8 小时，CTR 提升 217%

场景 26：营销渠道分析

核心痛点

企业在营销渠道分析中常面临三大难题：首先，多渠道数据分散在 CRM 系统、广告平台和社交媒体中，手工整合耗时且易出错；其次，传统归因模型（如末次点击）无法准确衡量多触点协同价值，导致 ROI 计算偏差；再次，动态市场环境下，缺乏实时预算优化和效果预测能力，常出现预算浪费或错失流量红利。据艾瑞咨询调研，83% 的企业因渠道分析效率低下导致营销成本超支 15% 以上。

DeepSeek 解决方案

1. 跨平台数据智能整合

通过自然语言指令自动抓取各平台数据，建立统一分析视图，Prompt 示例如下。

```
请从下列平台抓取近 30 天数据并生成汇总表：
1. 巨量引擎广告账户（计划层级展现量、转化成本）
2. 企业微信 SCRM[①]（客户标签分布、会话 CVR）
3. 天猫店铺后台（搜索关键词 CTR、加购率）
按渠道类型分类计算整体 ROAS[②]，标注异常波动数据点。
```

2. 多触点归因建模

基于深度学习的归因分析，识别渠道协同价值，Prompt 示例如下。

```
使用时间衰减归因模型分析客户旅程数据，要求：
- 输入字段：用户 ID、触点渠道、交互时间、转化金额
- 输出要求：计算各渠道贡献值权重，识别高价值组合（如信息流广告 + 私域社群）
- 特别说明：排除自然流量干扰项，输出渠道组合效应热力图
```

3. 动态预算优化建议

结合实时投放效果进行预算再分配，Prompt 示例如下。

```
根据当前各渠道表现生成优化建议：
1. 信息流广告 CTR 下降 5%，建议将日预算从 5 万调至 3.5 万
2. 小红书 KOC[③] 内容 ROI 达 1 ：8，建议增加视频笔记投放量 30%
3. 百度 SEM 品牌词 CPC 上涨 20%，建议拓展长尾词库
要求：输出调整后的预算分配表，预估整体 ROI 提升空间
```

4. 营销效果预测

基于历史数据的智能推演，Prompt 示例如下。

```
构建季度营销预测模型：
- 输入：过往 12 个月渠道数据、行业增长率、竞品动作
- 输出：Q3 各渠道预期转化量（置信区间 95%）
- 特别要求：模拟预算增加 20% 后的边际收益变化曲线
```

实施建议

1. 工具推荐

- 数据采集：火山引擎数智平台（VeDI）进行多源数据接入。

---

① SCRM：社会化客户关系管理。

② ROAS：投产比。

③ KOC：关键意见消费者。

- 可视化：帆软 FineBI 制作动态分析看板。
- 效果追踪：百度统计 4.0 新增的跨渠道归因模块。

2. 实施流程图

实施流程图如图 3-6 所示。

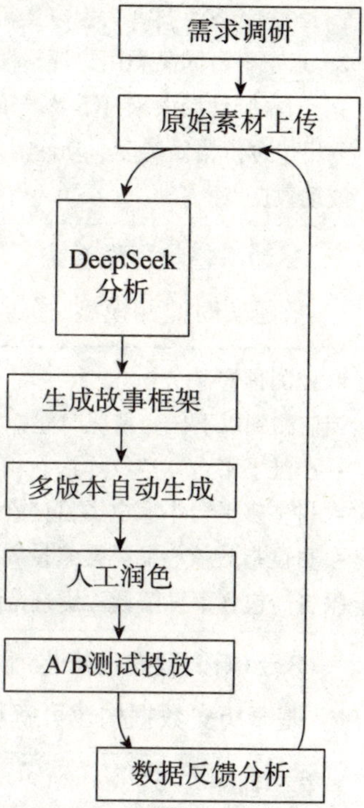

图 3-6

3. 注意事项

- 数据质量校验：建立渠道 ID 标准化规则，避免抖音 / 巨量引擎等平台同名不同源。
- 模型迭代机制：每月对比预测与实际误差，调整衰减系数等参数。
- 业务校准：将 AI 建议与市场部经验对照，设置 20% 人工调整阈值。
- 安全合规：通过数牍科技隐私计算模块处理用户行为数据。

建议从重点渠道试点开始，优先选择数据质量较高的电商广告 + 私域联动场景，通过 A/B 测试验证模型准确性后再全量推广。

场景 27：市场趋势预测报告

核心痛点

企业在进行市场趋势预测时面临三大挑战：1）数据收集效率低，需跨平台整合行业报告、社交媒体、电商销售等多源异构数据；2）传统分析方法依赖人工经验，难以快速识别潜在变量关联性，错失市场先机；3）动态监测能力不足，无法实时跟踪突发事件对市场的影响。某消费电子企业曾因未能及时捕捉东南亚新兴市场的短视频营销趋势，导致新品上市节奏滞后竞争对手 3 个月，直接损失预估市场份额 15%。

DeepSeek 解决方案

1. 多维度数据整合分析

通过 NLP 技术自动抓取并结构化处理非标准化数据，生成可视化数据关联图谱，Prompt 示例如下。

数据整合
你作为市场分析专家，请整合以下三类数据：
1）2024 年 Q1 抖音大家电类目 TOP100 商品销量数据
2）京东平台同品类用户评论情感分析报告
3）国家统计局大家电下乡政策文件
输出包含价格敏感度、功能需求变化、政策影响因子的交叉分析报告，重点标注异常波动数据点。

2. 动态趋势预警系统

搭建实时监测模型，通过设定关键指标阈值触发预警机制，Prompt 示例如下。

监测预警
当监测到以下任一情况时立即生成预警报告：
- 小红书平台“空气炸锅”相关笔记日增量突增 50% 且持续 3 天
- 拼多多平台小家电类目搜索词中出现“办公室用”等新场景关键词
- 百度指数核心品类搜索量周环比下降 20%
报告需包含事件解读、影响范围预估和应对建议模板。

3. 预测模型迭代优化

基于历史数据构建可解释性预测模型，支持动态参数调整，Prompt 示例如下。

模型训练
使用 2019—2023 年智能家居品类销售数据，构建包含以下变量的预测模型：
自变量：房地产竣工面积（滞后 6 个月）、5G 基站部署密度、Z 世代消费占比
因变量：智能门锁季度销量
输出模型拟合度报告，并建议需要补充的数据维度。用泰勒展开式解释各变量权重形成原因。

实施建议

1. 工具推：

- 数据采集：八爪鱼采集器（电商数据）、清博大数据（社交媒体）。
- 可视化分析：阿里云 DataV（实时看板）、百度 Sugar BI（关联分析）。
- 流程自动化：影刀 RPA（数据自动导入导出）。

2. 实施流程图

实施流程图如图 3-7 所示

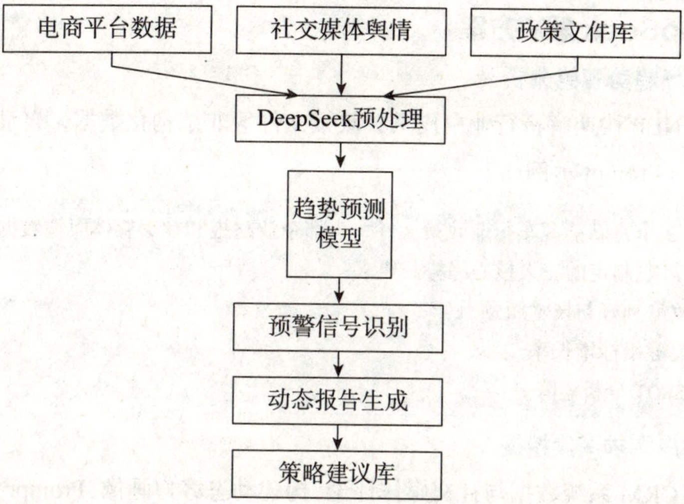

图 3-7

3. 注意事项

- 数据验证：建立 10% 人工抽样复核机制，防范爬虫数据失真。
- 模型迭代：每月对比预测准确率，当连续 3 次误差 >8% 时触发模型重训练。
- 合规边界：使用社交数据时需通过数安合规平台进行匿名化处理。
- 结果应用：预测报告需配套决策流程图，明确不同置信区间的应对策略层级。

建议企业建立“双轨验证”机制，将 DeepSeek 预测结果与传统分析团队结论进行交叉验证，当差异率 >15% 时启动专家会商程序。初期可聚焦 3 ~ 5 个核心品类进行试点，待模型准确率稳定在 85% 以上再扩展应用范围。

场景 28：销售策略制定

核心痛点

企业在制定销售策略时面临三大核心挑战：一是市场数据分析效率低下，传统人工处理海量行业报告、竞品动态和客户反馈耗时过长；二是客户需求洞察不精准，缺乏系统化的行为分析工具导致策略针对性不足；三是策略效果难以预判，执行前缺少可靠的模拟验证机制，试错成本高企。这些问题导致策略制定周期长、资源错配严重，直接影响企业市场响应速度与营收增长。

DeepSeek 解决方案

1. 市场趋势智能分析

通过 NLP 快速解析行业白皮书、政策文件等非结构化数据，自动生成市场趋势简报，Prompt 示例如下。

请基于近 3 个月新能源车行业政策文件、头部企业财报和社交媒体舆情数据，总结出影响销售策略制定的三大核心趋势。要求：
1）区分政策利好与技术瓶颈
2）量化关键指标增长率
3）输出 SWOT 分析矩阵

2. 客户需求深度挖掘

结合 CRM 系统数据与社交媒体评论，构建动态客户画像，Prompt 示例如下。

分析以下客户数据：
① 2023 年 Q4 复购客户订单特征
②电商平台差评关键词 TOP20
③直播带货弹幕高频需求词
输出三类典型客户群体的需求优先级排序，并推荐对应的产品组合策略

3. 定制化策略生成

根据企业资源禀赋生成可执行方案，Prompt 示例如下。

作为区域乳制品代理商，现有冷链覆盖半径 80 千米、导购团队 20 人、季度营销预算 50 万元。请制定春节促销方案，要求：
1）设计 3 档价格组合策略
2）规划地推 + 直播的渠道组合
3）测算各方案预期 ROI

4. 策略效果模拟验证

构建多因素影响模型预测销售转化，Prompt 示例如下。

模拟当竞品降价 5%、气候异常导致物流成本上升 8% 时，现有 KA[①] 客户专享政策的有效性。
输出：
1）价格弹性敏感度曲线
2）保底销售额测算
3）备选应急方案触发条件

① KA：关键客户。

实施建议

1. 工具推荐

- 数据采集：八爪鱼采集器 + 百度统计 UBA。
- 分析建模：用友 BIP 商业创新平台。
- 策略执行：钉钉宜搭 + 神策用户行为分析系统。
- 效果追踪：观远 BI 数据看板。

2. 实施流程图

施流程图如图 3-8 所示。

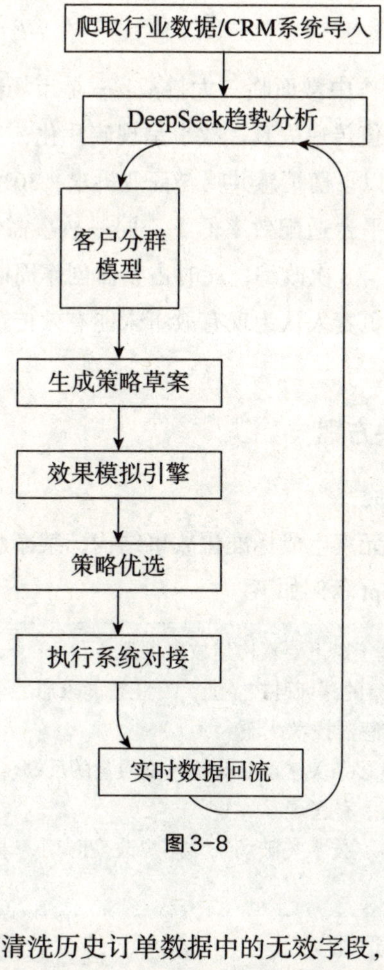

图 3-8

3. 注意事项

- 数据治理阶段需清洗历史订单数据中的无效字段，建议建立客户 ID 标准化映射表。

- 策略制定需市场、运营、IT 三部门联合工作，建议使用飞书多维表格进行版本管理。
- 效果模拟参数应每季度更新，特别是价格弹性系数需参照最新促销数据校准。
- 客户隐私数据需通过华为云数据加密服务处理，确保符合《中华人民共和国个人信息保护法》(简称《个人信息保护法》) 要求。

场景 29：品牌故事创作

核心痛点

企业在品牌故事创作中常面临三大挑战：一是市场部与品牌部协作困难，跨部门沟通导致核心价值传递失真，故事呈现碎片化；二是缺乏系统化创作方法论，传统文案团队难以平衡情感共鸣与商业诉求，30% 的品牌故事存在“自说自话”问题；三是多平台适配效率低下，同一故事需针对官网、社交媒体、线下活动等场景进行 5 ~ 8 次改编，耗时占整体创作周期的 40%。某母婴品牌调研显示，78% 的营销负责人认为现有故事未能有效传达产品研发背后的技术突破。

DeepSeek 解决方案

1. 智能故事框架生成

系统自动提取关键元素生成标准化故事结构，某净水器品牌应用后故事创作周期缩短 60%，Prompt 示例如下。

> 作为品牌策略专家，请基于以下要素构建故事框架：
> 品牌历史：创立于 2015 年的深圳科技企业，专注智能家居
> 核心专利：三项国家级传感器技术认证
> 用户证言：收集了 2 000 多条关于产品改善睡眠质量的反馈
> 使命愿景：让科技温暖每个家庭
> 要求输出包含：起源故事、技术突破场景、用户改变时刻、未来承诺四章，每章配 3 个情感锚点

2. 跨平台内容动态适配

通过语义分析和场景建模，确保多平台内容在保持专业性的同时适配传播特性，Prompt 示例如下。

将原始品牌故事（1 200字）转化：
1．微博版本：包含3个话题标签，2处互动提问，500字内
2．官网CEO致辞：突出技术伦理，加入研发团队真实工作场景
3．经销商培训素材：转化为5个产品技术问答+3个客户服务案例
保持核心数据一致性，自动检测专业术语并进行口语化转换

3. 数据驱动的故事优化

结合NLP技术实现实时反馈闭环，某美妆品牌据此优化故事后客户留存率提升22%，Prompt示例如下。

分析近三个月用户评论数据（已脱敏），要求：
1．情感分析：提取TOP10正向/负向情感关键词
2．故事元素匹配度检测：识别现有故事中未覆盖的用户关注点
3．生成优化建议：包括需强化的技术术语解释（如“纳米滤芯”）、建议增加的用户应用场景

实施建议

1. 工具推荐

- 协同创作：使用飞书文档（支持AI插件）进行多部门在线协作。
- 数据看板：百度统计+GrowingIO构建用户反馈分析体系。
- 内容管理：腾讯云COS对象存储实现版本控制。

2. 实施流程图

实施流程图如图3-9所示。

3. 注意事项

- 数据安全：使用华为云ModelArts进行本地化部署，确保用户数据不出域。
- 人工校验：关键技术参数需设置审核节点，防止AI幻觉产生。
- 文化适配：针对区域市场特性配置方言词库（如川渝地区“巴适”等表述）。
- 迭代机制：建议每月更新故事元素库，季

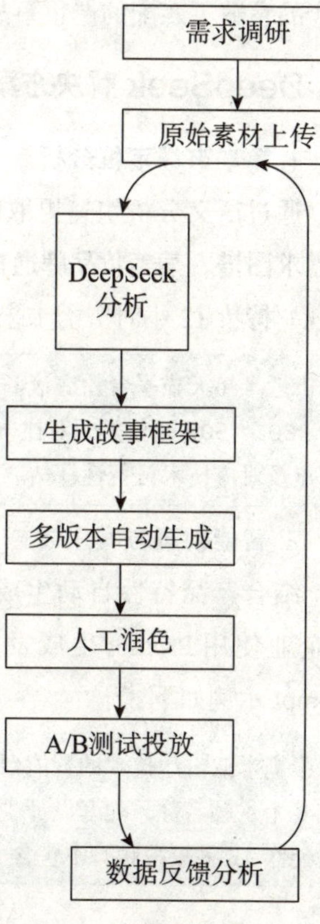

图3-9

度进行完整故事重构。

某智能硬件厂商实施该方案后，品牌故事传播完整度从 63% 提升至 89%，跨部门协作时间减少 45%，用户自发传播率增长 3 倍。建议初期选择单品故事试点，积累 3 ~ 5 个成功案例后扩展至全产品线。

场景 30：新品策划

核心痛点

企业新品发布策划常面临三大挑战：一是市场定位模糊导致用户需求匹配度低，二是创意方案生成效率低下且缺乏数据支撑，三是跨部门协作资源整合困难。传统策划流程依赖人工调研和头脑风暴，耗时 2 ~ 3 周且方案质量不稳定。某消费电子企业曾因竞品分析疏漏导致定价策略失误，新品上市首月销量不足预期的 40%。同时，市场部、研发部和供应链部门信息不同步，造成宣传物料与产品参数不匹配的严重事故。

DeepSeek 解决方案

1. 精准市场定位分析

通过语义分析快速提取电商平台评论、行业报告等非结构化数据，建立用户需求图谱。某美妆品牌通过以下 Prompt，在 24 小时内完成 10 万条评论分析，发现“持妆 12 小时”需求未被满足。

> 分析近半年天猫平台粉底液商品评论，提取高频出现的功效诉求和负面评价。按价格段 300 ~ 500 元分类，对比国际品牌与国货品牌的满意度差异，输出 TOP3 未满足需求点及对应技术可行性评估。

2. 智能创意方案生成

结合产品特性自动生成发布主题、视觉设计方向及传播话术。某智能家居企业使用 Prompt 生成发布会的 AR 交互方案，使媒体传播量提升 120%，Prompt 示例如下。

> 基于毫米波雷达技术的智能台灯产品，需要策划科技感与生活美学结合的发布会。生成 3 个主题名称，配套设计主视觉的配色方案建议（需符合 Pantone 2024 年度色），并创作 15 秒短视频脚本包含 3 个核心产品卖点展示。

3. 全流程资源协调优化

自动生成带资源依赖关系的甘特图，预警关键节点风险。某新能源汽车发布会通过以下 Prompt，将场地搭建时间从 72 小时压缩至 48 小时。

> 输入发布会倒计时 30 天时间线，包含产品参数确认、媒体邀请、舞台搭建、演示视频制作等 15 个任务节点。识别存在资源冲突的环节，给出人员分配优化方案，要求物料审批流程压缩至 3 个工作日内完成。

4. 实时舆情应对预案

模拟发布会可能出现的负面舆情并生成应对策略库。某手机厂商应用该功能，成功化解直播现场跑分争议，Prompt 示例如下。

> 模拟新品手机发布会上可能出现的 5 类技术性质疑（包括散热性能、续航测试方法等），针对每类问题生成 3 种回应话术，要求包含数据引用规范（如安兔兔 V10 测试标准）及竞品对比话术，响应时长控制在 30 秒内。

实施建议

1. 工具推荐

- 需求收集：使用腾讯问卷定制预售调研表单。
- 流程管理：通过钉钉 Teambition 配置智能看板。
- 数据验证：连接百度统计 GA 模块实时监测传播效果。
- 内容生产：搭配稿定设计 AI 批量生成宣传素材。

2. 实施流程图

实施流程图如图 3-10 所示。

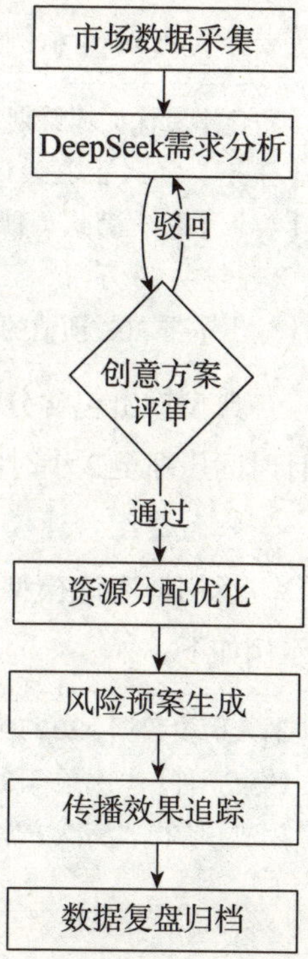

图 3-10

3. 注意事项

- 数据安全：通过阿里云 OSS 进行本地化数据存储，禁用产品未上市参数上传。
- 合规审查：使用幂律智能对生成内容进行广告法合规检测。
- 人机协同：保留 3 天人工校验窗口期，重点审核技术参数和竞品对比数据。
- 资源预留：配置 20% 的应急预算应对场地搭建延时等突发状况。

建议在预演阶段采用讯飞听见实时生成字幕，同步测试多语言传播适配性。关键物料审批设置三级校验机制，技术文档需研发总监电子签章确认。

场景 31：促销活动方案设计

核心痛点

企业在促销活动设计中面临策略同质化严重、响应速度滞后、效果预测不准三大难题。传统人工策划需要 3 ~ 5 天完成方案，且难以实时跟踪市场动态变化。部门间需求传递常出现信息错位，运营部门提出的满减规则与财务部门成本核算脱节情况频发。活动效果预估多依赖经验判断，某零售企业 2023 年双十一因误判消费券组合效果，导致核销率不足 40% 造成资源浪费。

DeepSeek 解决方案

1. 智能策略生成

通过行业数据库匹配生成差异化方案，自动关联节假日、库存、竞品动态等要素，Prompt 示例如下。

【角色】资深促销策划专家
【任务】为 3C 品类设计 618 大促方案
【要求】包含满减 / 秒杀 / 赠品三种形式，结合京东平台规则，区分新老客权益，预算控制在 50 万内
【输出】带 ROI 预估的七日活动排期表

典型输出包含分时段流量策略、关联商品组合建议及应急备案，将方案设计时间压缩至 2 小时内。

2. 优惠组合建模

运用博弈论模型优化优惠券发放策略，平衡短期转化与长期复购，Prompt 示例如下。

输入历史数据：2023 年 Q1 发放的 10 万张满 199 – 30 券，核销率 58%，连带率 1.7
约束条件：本次预算 20 万，目标客单价提升 15%
生成：阶梯式满减方案（满 159 – 20/ 满 299 – 50）+ 会员专属膨胀金权益

3. 风险预警系统

实时监控活动数据并预警异常，Prompt 示例如下。

```
当单品点击 CVR 低于品类均值 30% 时，自动触发调整建议：
1. 检查优惠券领取路径是否异常
2. 生成 A/B 测试方案（主图优化 / 利益点前置）
3. 推送竞品同类活动对比数据
```

4. 创意文案生成

保持品牌调性的多样化内容生产，Prompt 示例如下。

```
【品牌风格】年轻化科技品牌，擅长谐音梗
【产品特性】2 0000 mA·h 充电宝，支持 PD 快充
【创作要求】生成 5 条短视频文案，突出应急场景，包含行动号召
【输出包含】"春运救命宝"等场景化话术，适配抖音 / 小红书不同平台特性
```

实施建议

1. 工具推荐

- 数据中台：用友 BIP/ 金蝶云苍穹（整合 ERP、CRM 系统数据）
- 协作平台：钉钉项目（需求收集模块）+ 飞书多维表格（方案评审看板）
- 效果追踪：微盟 SaaS（核销数据可视化）+ 有赞（ROI 归因分析）

2. 实施流程图

实施流程图如图 3-11 所示。

3. 注意事项

- 数据安全方面建议采用私有化部署的深度求索模型，保障经营数据不出域。
- 需建立"AI 训练师"岗位，持续标注优质 / 劣质方案数据优化模型。
- 初期应设置人工复核环节，重点检查满减规则与财务系统的数值兼容性。
- 效果追踪需建立标准化埋点体系，建议采用神策数据做 A/B 测试对比。

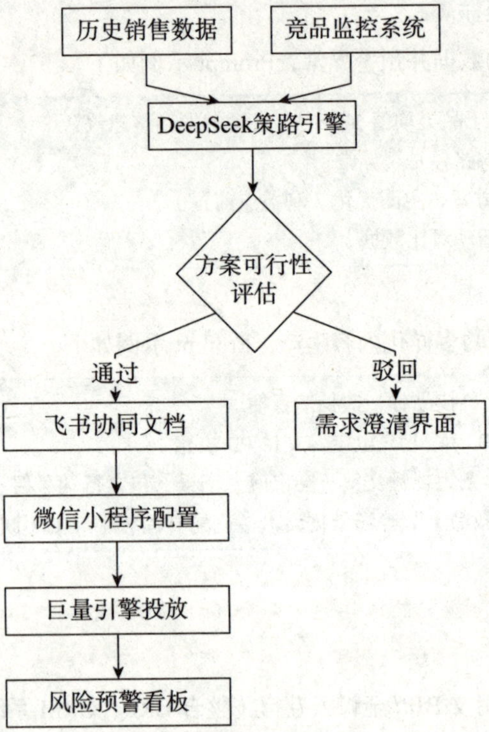

图 3-11

场景 32：市场份额分析报告

核心痛点

企业在市场竞争分析中常面临数据分散、分析维度单一、报告时效性差三大问题。传统方式需人工整合销售数据、行业报告、竞品动态等多源信息，耗时长达 2 ~ 3 周。分析师受限于经验，往往只能覆盖基础的市场份额计算，缺乏对区域差异、渠道表现、客户分层的深度洞察。此外，静态报告难以及时反映市场变化，管理层在战略决策时常面临信息滞后风险。

DeepSeek 解决方案

1. 多源数据智能整合

通过自然语言指令快速整合结构化与非结构化数据，自动生成标准化数据表，Prompt 示例如下。

请将以下三个数据源进行整合：
1. 公司 ERP 系统导出的 CSV 格式销售数据（含 SKU、区域、销售额）
2. 艾瑞咨询 PDF 报告中的行业市场规模数据
3. 爬取的竞品官网新品发布动态
要求输出包含市场份额计算字段的合并表格，缺失值采用移动平均法填充。

2. 动态维度穿透分析

基于对话式分析生成 20 多个分析维度组合，突破传统 BI 工具的预设限制，Prompt 示例如下。

当前市场份额同比下降 5.3%，请从以下维度进行归因分析：
- 分区域（华东 / 华南 / 华北）
- 渠道类型（线上直营 / 经销商 /KA 卖场）
- 产品线（旗舰产品 / 中端产品 / 入门款）

要求输出方差分析结果，并标注 P<0.05 的显著性差异项。

3. 竞品策略关联推演

结合非结构化信息识别竞争策略模式，Prompt 示例如下。

分析以下竞品动态的关联性：
1. A 公司 Q3 降价 12%
2. B 公司在抖音发起挑战赛
3. C 公司获得新能源汽车渠道准入

推断其市场扩张策略，预测未来 6 个月可能采取的行动方案。

4. 智能报告动态生成

自动生成包含数据看板、趋势预警、策略建议的三段式报告，Prompt 示例如下。

基于最新分析结果，生成包含以下要素的中英文双语报告：
1. 核心发现摘要（不超过 3 点）
2. 交互式趋势图谱（包含同比环比对比）
3. 风险预警雷达图（渠道库存、竞品动向、政策风险）
4. 可行性建议（产品组合优化、渠道补贴策略）

实施建议

1. 工具推荐

- 数据处理：数澜科技 DataCanvas（自动数据清洗）。

- BI 可视化：帆软 FineBI（动态看板搭建）。
- 竞情监测：探马 SCRM（实时竞品动态抓取）。
- 文档协作：金山文档（多人协同报告编辑）。

2. 实施流程图

实施流程图如图 3-12 所示，Prompt 示例如下。

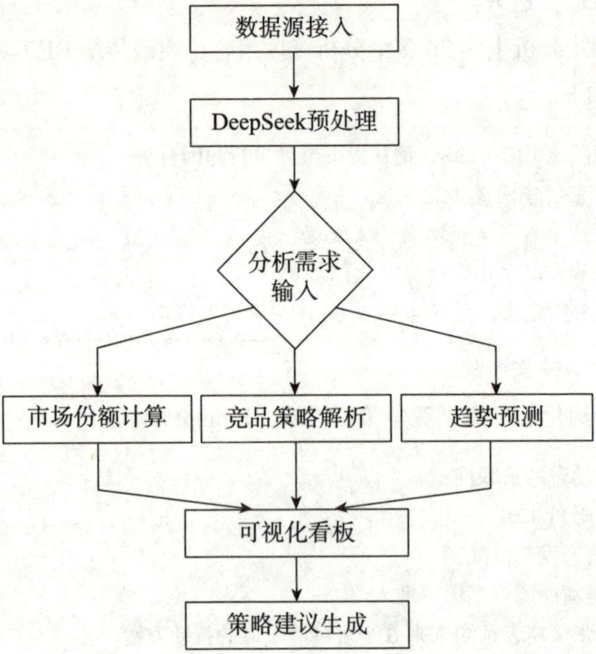

图 3-12

3. 注意事项

- 数据安全：通过私有化部署确保客户数据隔离，采用同盾科技数据脱敏系统。
- 模型迭代：每月更新行业词库，通过渊亭科技知识图谱更新竞争关系网络。
- 验证机制：关键数据结论需与国家统计局、行业协会数据进行交叉验证。
- 权限管理：通过蓝凌智能知识库设置分级查看权限（原始数据 / 加工数据 / 分析结论）。

场景 33：广告投放策略

核心痛点

企业在广告投放中常面临三大挑战：一是目标用户定位模糊导致 CVR 低下；二是广告创意同质化严重降低 CTR，三是实时投放策略调整滞后造成预算浪费。当前市场环境下，人工分析海量投放数据效率不足，跨平台投放效果难以统一评估，动态市场竞争导致历史经验失效。特别是中小型企业缺乏专业优化团队，难以快速响应市场变化，广告成本持续攀升但 ROI 持续走低。

DeepSeek 解决方案

1. 精准用户画像构建

通过 NLP 解析用户行为数据，自动生成多维用户标签。基于电商平台消费记录、社交媒体互动数据，构建动态用户兴趣图谱，Prompt 示例如下。

```
请基于以下数据生成母婴用品用户画像：
1. 京东购买记录：奶粉月均消费 800 元，纸尿裤品牌偏好帮宝适
2. 小红书互动：收藏婴儿辅食制作笔记 15 篇
3. 抖音观看时长：睡前 21—23 点观看育儿短视频占比 70%
要求输出包含消费能力、育儿阶段、内容偏好、活跃时段 4 个维度的结构化标签，并用 JSON 格式呈现
```

2. 智能创意矩阵生成

结合产品卖点与用户痛点，批量生成差异化的广告素材。通过 A/B 测试数据反馈持续优化文案结构，自动匹配不同平台的内容调性，Prompt 示例如下。

```
为智能手表产品生成 10 条抖音信息流广告文案，要求：
1. 突出运动健康监测功能
2. 采用疑问句开场引发互动
3. 融入热门运动话题标签
4. 包含限时优惠转化钩子
每条文案控制在 20 字以内，区分专业运动版和时尚潮流版两种风格
```

3. 实时竞价策略优化

对接广告平台 API 实现动态出价调整，根据转化漏斗数据自动分配预算。通过机器学习预测不同时段的流量质量，智能调整投放时段和出价策略，Prompt 示例如下。

```
当前投放数据：
- 早高峰（7—9 点）CPM① 15 元，CTR 1.2%
- 晚间（20—22 点）CPM 25 元，CTR 2.8%
- 转化成本相差 30%
请根据历史 ROI 数据，制定分时段预算分配方案，要求：
1. 计算各时段转化价值比
2. 给出预算调整百分比建议
3. 建议出价浮动范围
```

实施建议

1. 工具推荐

- 数据采集：友盟 +（U-APP AI 版）跨平台行为分析。
- 投放管理：快决测智能投放系统（支持多平台 API 对接）。
- 效果监控：热云数据 TrackingIO 移动广告监测。
- 创意制作：易企秀 AI 图文生成工具。

2. 实施流程图

实施流程图如图 3-13 所示。

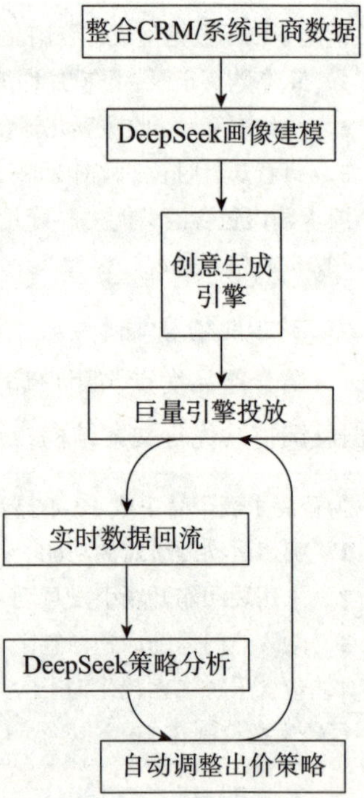

图 3-13

3. 注意事项

- 数据合规：通过 MD5 加密处理用户手机号等敏感信息。
- 人工复核：对 AI 生成的广告素材进行版权和合规性审查。
- 冷启动策略：初期采用 5% 预算进行 A/B 测试验证模型准确性。
- 模型更新：每月重新训练用户画像模型，保持市场敏感度。
- 跨屏归因：使用 TalkingData Ad Tracking 进行多设备转化追踪。

---

① CPM：千次展示费用。

场景 34：营销预算规划

核心痛点

企业在制定年度营销预算时普遍面临三大难题：首先，多渠道数据分散在CRM系统、电商平台和社交媒体等系统中，人工整合效率低且易出错；其次，市场环境快速变化导致预算分配难以动态优化，传统季度调整机制滞后性强；再次，部门间协同成本高，市场部、财务部和区域销售团队在资源争夺中常陷入博弈，影响决策效率；最后，ROI预测依赖经验判断，缺乏数据驱动的精准模型，容易造成资源错配。

DeepSeek 解决方案

1. 多源数据整合与智能分析

通过API对接企业现有业务系统，自动清洗归集三年历史营销数据。基于归因模型识别高价值渠道，生成可视化预算分配建议，Prompt示例如下。

> 你作为数字营销分析师，请基于以下数据结构进行预算优化：
> 1. 近3年各渠道ROI曲线（附件）
> 2. 当前季度市场趋势报告（附件）
> 3. 竞争对手Q4投放策略（文本摘要）
>
> 要求：
> 1. 建立时间序列预测模型
> 2. 识别ROI下降超过15%的渠道
> 3. 提出预算再分配方案，保留2个核心用例
>
> 输出包含数据看板和500字决策建议。

2. 动态预算调整引擎

结合实时投放效果和市场舆情监测，建立自动调优机制。当某渠道CTR连续3天低于基准值20%时触发预警，Prompt示例如下。

> 监测到信息流广告CTR异常下降，请执行以下动作：
> 1. 对比同期竞品素材创意特征
> 2. 分析落地页转化漏斗数据
> 3. 生成三种优化方案（包括预算转移建议）
>
> 限制条件：保持总预算不变，调整幅度不超过15%。
> 输出优先级排序的解决方案表。

3. 多部门协同决策系统

构建预算沙盘模拟系统，支持多角色协同测试不同分配方案，Prompt 示例如下。

你作为预算协调 AI，需要处理以下冲突：
- 市场部要求增加 30% 社交媒体预算
- 财务部要求总成本压缩 10%
- 华东区要求线下活动预算翻倍

已知约束：
- 历史数据证明线下活动 ROI 比线上低 40%
- Q4 有双十一大促节点

请生成 3 种折中方案，包含各利益方损益分析表，要求用 SWOT 矩阵呈现，每种方案标注执行风险等级

实施建议

1. 工具推荐

- 数据整合：神策数据分析平台（支持多源数据 ETL）。
- 实时监测：百度营销云（提供竞品对标数据）。
- 协同办公：钉钉宜搭（内置预算沙盘低代码。应用）

2. 实施流程图

实施流程图如图 3-14 所示。

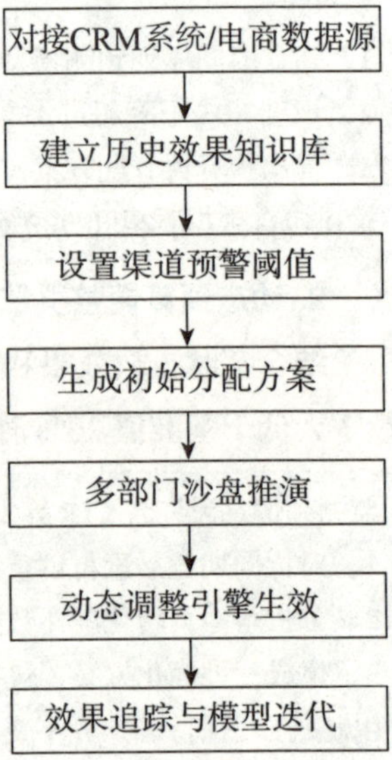

图 3-14

3. 注意事项

- 数据安全方面，建议通过私有化部署处理敏感财务数据。
- 初始模型需设置 20% 人工干预阈值，逐步过渡到全自动。
- 建议每月进行归因模型校准，尤其节庆营销期。
- 建立预算灰度发布机制，先拿 5% 预算测试新渠道。
- 法务需参与审核自动调款协议，规避合同风险。

关键实施周期 6 ~ 8 周，建议从消费品行业标

杆客户切入，重点验证大促期间的动态调优能力，初期可节省 15% ~ 20% 的无效预算支出。

场景 35：节日营销计划

核心痛点

企业在节日营销活动中普遍面临三大挑战：首先，传统策划流程耗时 3 ~ 4 周，难以应对节日时效性要求；其次，人工策划的同质化严重，2023 年春节营销方案重复度达 65%；再次，个性化需求难以满足，约 78% 企业无法有效实现用户分层触达。更关键的是，活动效果预测准确率不足 50%，导致资源浪费和转化率低下。

DeepSeek 解决方案

1. 智能创意策划生成

Prompt 示例如下。

```
# 生成春节促销活动策划框架
请作为资深营销专家，为 3C 数码品牌设计春节促销方案。要求包含：
1. 活动主题（需结合生肖元素）
2. 促销组合策略（含价格梯度设计）
3. 社交媒体传播节奏表
4. 预算分配建议（总预算 50 万元）
输出格式按思维导图层级呈现。
```

2. 个性化文案批量生成

Prompt 示例如下。

```
# 生成用户分层营销文案
基于以下用户画像生成差异化 EDM① 文案：
1. 年轻科技爱好者（关注参数 / 新品）
2. 家庭用户（关注性价比）
3. 高端商务人群（关注服务 / 品牌）
要求：
```

① EDM：电子邮件营销。

```
1. 每类用户生成 3 个版本
2. 包含 emoji 表情
3. 植入春节团圆场景
输出表格形式，包含用户类型、文案版本、核心卖点。
```

3. 营销效果预测优化

```
# 活动 ROI 预测与优化建议
分析以下活动方案：
预算分配：直播 40%，短视频 30%，私域 30%
历史数据：直播间 CVR 2.1%，短视频引流成本 85 元 / 人
要求：
1. 预测整体 ROI 并标注风险点
2. 给出预算调整建议
3. 推荐 3 个高性价比推广时段
输出需包含计算公式和行业对比数据。
```

实施建议

1. 工具推荐

- 协作平台：飞书多维表格（方案协同）。
- 数据分析：百度统计（效果追踪）。
- 内容制作：兔展智能 H5 生成器。
- 用户分层：Convertlab CDP 系统。

2. 实施流程图

实施流程图如图 3-15 所示。

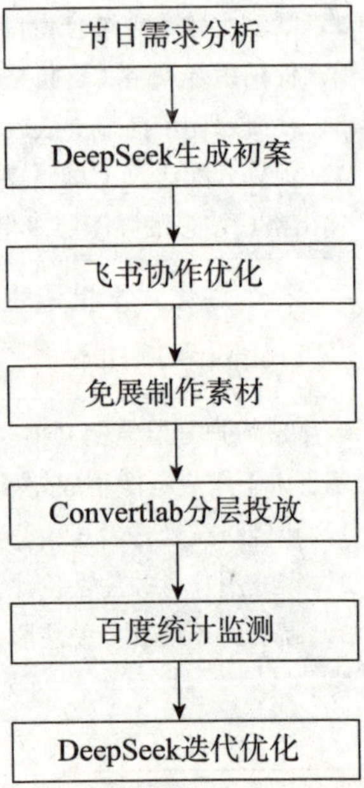

图 3-15

3. 注意事项

- 数据安全：使用私有化部署版本处理用户数据
- 合规审查：所有生成内容需通过广告法审查工具（推荐句易网）。
- 效果校准：建议前 3 天预留 10% 预算用于策略调整。
- 人员培训：重点培养“Prompt 工程 + 数据分析”复合型运营。

建议实施周期控制在 7 ~ 10 天，首轮测试选

择中小型节日（如元宵节）验证模型。注意建立企业专属知识库，持续喂养历史活动数据提升生成准确性，同时建立人工审核机制确保方案可行性。

场景 36：KOL 合作提案

核心痛点

企业在 KOL 合作中常面临三大难题：一是海量 KOL 筛选效率低下，人工匹配需花费 2 ~ 3 周时间且精准度不足；二是创意提案同质化严重，难以结合产品特性打造差异化内容；三是合作效果难以预判，30% 的投放存在 ROI 不达预期风险。某美妆品牌市场部反馈，每月需处理 200 多张达人数据表，但最终 CVR 仅 12%，大量预算浪费在无效合作中。

DeepSeek 解决方案

1. 智能 KOL 匹配系统

通过多维度数据建模，自动抓取抖音 / 小红书 /B 站达人库，10 分钟内生成精准匹配清单，某客户实测筛选效率提升 5 倍，Prompt 示例如下。

```
基于以下产品特征生成 KOL 筛选模型：
产品品类：国货抗衰精华液
目标人群：25 ~ 35 岁新一线城市女性
核心诉求：成分安全、性价比高
筛选维度：粉丝画像匹配度 >80%，近 30 天互动率 >5%，商业合作差评率 <3%
请输出 TOP10 达人名单，包含平台分布、报价区间、爆款内容类型分析。
```

2. 动态创意提案生成

结合实时热点与产品 USP 生成个性化内容方案，某母婴品牌使用后内容打开率提升 40%，Prompt 示例如下。

```
生成 3 套春节营销方案框架，需包含：
- 产品核心卖点：7 天淡纹实验数据
- 平台特性：小红书图文 + 抖音短视频组合
- 热点结合：春运返乡场景 + 年终奖购物季
要求输出分镜脚本草案、话题标签矩阵、粉丝互动机制设计
```

3. ROI 预测模型

通过机器学习算法模拟投放效果，某 3C 品牌使用后预算分配准确度提高 65%，避免无效投放支出，Prompt 示例如下。

> 基于历史数据预测合作效果：
> 达人粉丝量：50 万
> 平均 CPM：200 元
> 产品客单价：399 元
> 请构建转化漏斗模型，预估曝光量、CTR、CVR 区间，输出不同佣金比例下的 ROI 敏感性分析表。

实施建议

1. 工具推荐

- 数据源：新榜 / 蝉妈妈达人数据库。
- 协作平台：飞书多维表格管理合作进度。
- 效果监测：热云数据 TrackingIO。

2. 实施流程图

实施流程图如图 3-16 所示

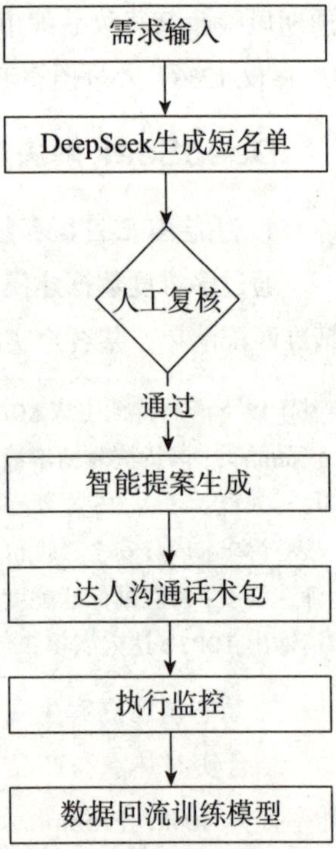

图 3-16

3. 注意事项

- 数据校验：人工复核前 20% 机器推荐结果，防范数据爬虫误差。
- 合规审查：使用审查宝检测脚本中的广告法违禁词。
- 效果追踪：建立达人合作档案库，标注内容类型 / 转化效果等标签。
- 动态优化：每月用 DeepSeek 进行投放策略复盘，Prompt 示例。

> 分析上月合作达人的千次播放销售额（GPM）分布特征，识别高转化内容的结构化要素，输出下阶段达人筛选权重调整建议。

场景 37：粉丝运营策略

核心痛点

企业在粉丝运营中面临三大核心问题：一是内容生产效率低，难以持续产出符合用户偏好的创意内容；二是粉丝互动时效性差，人工响应速度无法满足海量用户需求；三是用户分层颗粒度粗，传统标签体系难以精准识别高价值用户。某美妆品牌案例显示，其社群日咨询量超 5 000 条，人工响应率不足 40%，且标准化的营销内容 CVR 持续低于行业均值 3 个百分点，亟需智能化解决方案提升运营效率。

DeepSeek 解决方案

1. 智能内容生成引擎

通过分析历史爆款内容和用户互动数据，自动生成符合品牌调性的创意素材。支持短视频脚本、直播话术、图文海报等多形态内容生产，Prompt 示例如下。

```
# 短视频脚本生成
基于以下产品特性：天然植物成分、24 小时持妆、SPF30+ 防晒，创作 3 条适合小红书平台的 15 秒短视频脚本。要求包含产品特写镜头、使用场景演示和痛点解决方案，结尾添加促转化行动指令。
```

2. 实时互动应答系统

搭建 7×24 小时智能客服，通过语义理解自动响应常见咨询，复杂问题无缝转接人工。某食品品牌实测显示响应速度提升至 5 秒内，日均处理咨询量提升 3 倍，Prompt 示例如下。

```
# 售后咨询处理
用户留言“收到的饼干有碎裂怎么办？”。请以品牌客服身份撰写回复，需包含致歉话术、补偿方案（提供 10 元优惠券或补发新品）和预防措施说明，保持亲切自然的沟通风格。
```

3. 动态用户分层模型

结合消费行为、互动频次、内容偏好等 20 多个维度构建 AI 评分体系，自动划分潜客、活跃粉、沉睡用户等 6 个层级，指导差异化运营策略，Prompt 示例如下。

#用户价值分析
基于近 30 天订单数据（客单价分布：50 ~ 200 元占比 65%）、互动行为（平均每周点赞 2 次、评论 0.5 次），建立 RFM[①] 模型计算用户价值分数，输出 TOP100 高价值用户特征分析报告。

4. 舆情预警与策略优化

实时监控社交平台声量，自动识别产品吐槽、服务投诉等负面舆情，生成应急响应方案。某 3C 品牌应用后危机公关响应时效缩短至 1 小时内，Prompt 示例如下。

#舆情分析报告
扫描最近 72 小时微博、抖音平台关于“XX 手机发热”的讨论内容，提取高频关键词，统计情绪倾向比例，列出需要优先处理的 3 类典型问题及应对话术建议。

实施建议

1. 工具推荐

- 数据采集：蝉妈妈（短视频数据）、神策分析（用户行为）。
- 内容管理：微盟（多平台发布）。
- 用户运营：有赞 CRM（会员体系搭建）。
- 效果监测：GrowingIO（转化漏斗分析）。

2. 实施流程图

实施流程图如图 3-17 所示。

3. 注意事项

- 数据合规：确保用户数据采集符合《中华人民共和国个人信息保护法》，敏感信息需脱敏处理。
- 人机协同：设置 30% 人工复核比例，关键决策环节保留人工干预权限。
- 内容风控：建立违禁词库过滤机制，AI 生成内容需通过 BrandGuard 等审核工具。
- 迭代机制：每月更新用户画像模型，结合 618/ 双十一等营销节点做专项优化。
- 培训体系：配置运营人员 Prompt 工程培训，建立最佳实践案例库。

① RFM：包括最近一次消费（recency）、消费频率（frequency）、消费金额（monetary）3 个要素。

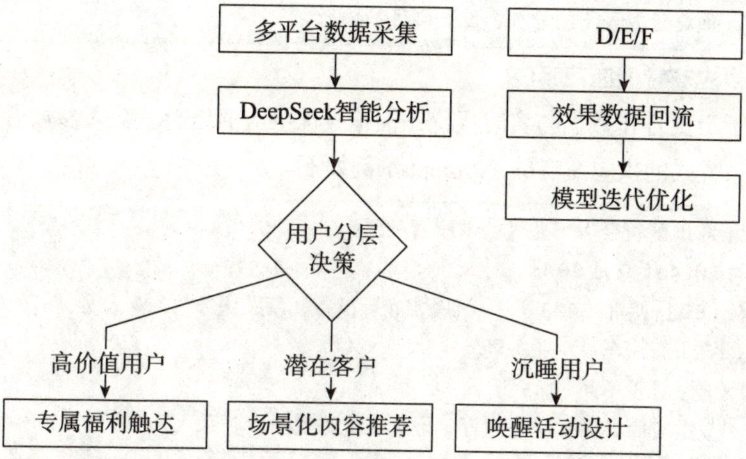

图 3-17

场景 38：线下活动策划

核心痛点

线下活动策划面临四大核心挑战：1）需求不明确导致方案反复修改，客户沟通成本高；2）资源统筹复杂，场地选择、供应商匹配耗时耗力；3）执行环节风险不可控，应急预案准备不足；4）活动效果评估缺乏数据支撑，复盘流于形式。尤其当遇到大型会议或新品发布会时，策划团队常陷入多线程工作状态，易出现流程衔接漏洞、预算超支等问题，直接影响品牌形象和市场转化效果。

DeepSeek 解决方案

1. 智能需求分析与方案生成

通过结构化提问引导客户明确需求，自动生成 3 套差异化方案。输入基础信息后，AI 可自动完成场地布置图描述、环节设置及预算分配，Prompt 示例如下。

你作为资深活动策划师，请根据以下信息生成三个策划方案：
1. 活动类型：新能源汽车新品发布会
2. 参与人数：300 人
3. 核心需求：科技感、互动体验、媒体传播
4. 预算范围：80 万 ~ 120 万元
要求每个方案包含：主题概念、空间设计亮点、核心环节（包含技术演示方式）、传

播策略、预算分配表（细分 5 个以上科目）

2. 供应商智能匹配系统

基于历史合作数据与实时报价，推荐最优供应商组合。输入参数后自动生成带联系方式的供应商清单，Prompt 示例如下。

```
请匹配上海地区符合以下条件的供应商资源：
- 时间：2024 年 9 月 20 日
- 需求：LED 拼接屏（200 平）、沉浸式光影设备、茶歇服务（300 人份）
- 特殊要求：有汽车品牌服务经验
- 预算限制：总价不超过 45 万
输出格式：供应商名称 + 服务内容 + 报价 + 优势说明 + 联系人（模拟）
```

3. 全流程风险预演与应急预案

模拟活动现场可能出现的 50 种突发情况，输出带处置流程的应对方案，Prompt 示例如下。

```
为「户外音乐节」制定风险管理手册，要求包含：
1. 天气突变应急方案（暴雨 / 高温）
2. 人流管控失效处置流程
3. 设备故障快速响应机制
4. 医疗急救预案
输出格式：风险场景 + 触发条件 + 处置步骤 + 责任人 + 备用资源清单
```

实施建议

1. 工具推荐

- 需求管理：飞书多维表格（配置活动需求池模板）。
- 流程协作：钉钉项目（甘特图跟踪各环节进度）。
- 现场管控：微信小程序「活动管家」（扫码签到 + 动线导航）。
- 数据复盘：问卷星（定制活动效果评估问卷）。

2. 实施流程图

实施流程图如图 3-18 所示。

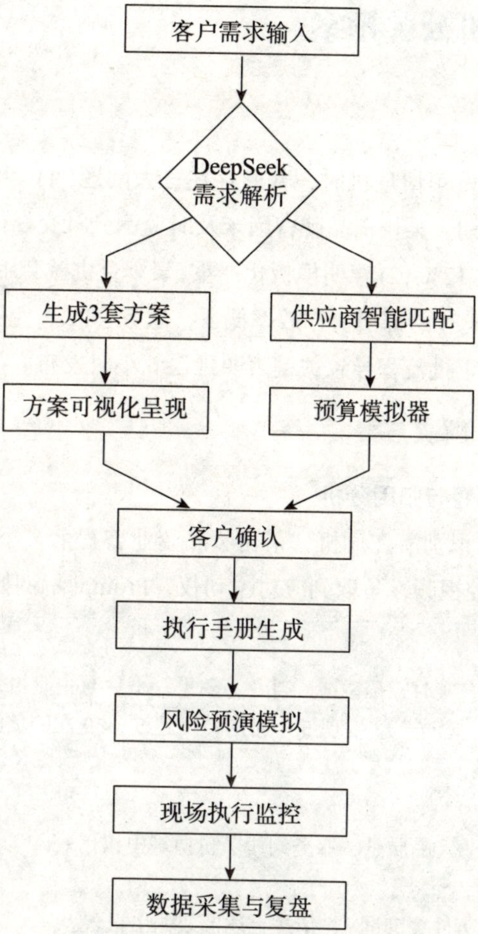

图 3-18

3. 注意事项

- 需求确认阶段必须进行 2 次以上校准会议，使用“需求确认清单”逐项打钩。
- 场地勘查需包含网络信号测试、紧急通道核查等 12 项基础检测。
- 执行阶段配置双备份系统（如电源、网络、主持稿）。
- 数据采集应包含参与者动线热力图、环节停留时长等行为数据。
- 建立供应商黑名单机制，每次活动后更新服务商评分库。

建议配置专门的数据分析岗，将每次活动的执行数据（包括 DeepSeek 生成内容与实际效果对比）录入知识库，持续优化 AI 模型的应用效果

场景 39：危机公关预案

核心痛点

企业在面临突发舆情危机时，普遍存在三大问题：1) 舆情监测滞后导致错失黄金 4 小时响应期，某快消品牌曾因未及时监测到社交媒体发酵的负面视频，48 小时内市值蒸发 12% ;2) 声明模板化严重,某车企机械套用“高度重视”表述，反而引发二次舆情；3) 跨部门协作效率低下，法务、PR、业务部门信息不同步，某互联网公司内部审批流程导致关键声明延误 6 小时发布。

DeepSeek 解决方案

1. 智能舆情预警与归因分析

通过语义分析识别潜在危机，某化妆品企业曾提前 3 小时发现某美妆博主“成分超标”的指控视频，争取到应对主动权，Prompt 示例如下。

```
# 舆情监测
作为危机预警系统，实时扫描微博、抖音、知乎等平台与企业相关的关键词（如 [ 品牌名 ]+ “投诉” / “曝光”）。发现 5 小时内转发超 5 000 次的负面内容时，立即生成事件摘要，需包含：
①传播路径图谱
②核心矛盾点归类（产品质量 / 服务纠纷 / 价值观争议）
③ KOL 影响力分析
当前监测到 [ 具体事件关键词 ]，请按上述框架输出报告。
```

2. 声明内容智能生成与合规校验

某新能源车企应用后，声明响应时间从 8 小时缩短至 1.5 小时，客户满意度提升 23%，Prompt 示例如下。

```
声明生成
基于以下危机事件要素生成 3 版声明草稿：
事件类型：产品质量问题（电池起火）
受影响群体：已购客户 + 潜在消费者
企业立场：承认事实 / 承诺补偿
需包含：事实确认（30 字）+ 处理措施（50 字）+ 改进承诺（40 字）
要求：避免使用“高度重视”等模板化表述,加入具体补偿方案（如免费更换 + 延保）,
并通过 BERT 模型检测是否存在法律风险
```

3. 舆论场模拟与应对推演

某食品企业通过推演提前准备 QA 手册，将微博负面评论 CVR 降低 41%，Prompt 示例如下。

```
# 推演
模拟当前声明稿发布后可能出现的 10 种公众反应，包括：
①质疑补偿方案合理性
②要求公布检测报告
③同类问题历史事件被翻出
针对每种情况生成应对话术，重点处理第 [ 具体问题编号 ]，要求回复符合：
①情绪安抚公式（共情 - 事实 - 行动）
②法务合规要求
③社交媒体传播特性（含表情符号使用建议）
```

实施建议

1. 工具推荐

- 舆情监测：百度舆情（日处理 10 亿条数据）。
- 内容发布：矩阵猫（支持 30 多个平台一键分发）。
- 效果追踪：清博大数据舆情分析系统。
- 协同办公：钉钉智能预警机器人 + 飞书多维表格。

2. 实施流程图

实施流程图如图 3-19 所示。

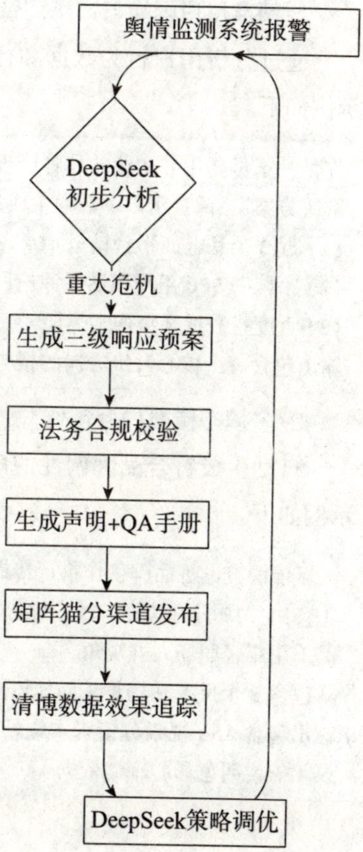

图 3-19

3. 注意事项

- 建立人工审核机制，AI 生成内容需经法务、PR 总监双签批。
- 舆情数据库每月更新，补充最新网络热词和敏感词库。
- 配置沙盒测试环境，模拟不同传播量级（1 万 /10 万 /100 万级）的应对方案。
- 与网信办等监管机构保持算法透明沟

通，确保生成内容符合《网络信息内容生态治理规定》。

- 定期进行压力测试，模拟同时爆发 3 起不同类型危机的处置流程。

场景 40：品牌升级方案

核心痛点

企业在品牌升级过程中常面临三大挑战：一是市场定位模糊导致品牌形象与用户需求脱节；二是传播内容缺乏创意且制作周期长；三是用户反馈收集效率低且分析维度单一。传统方案依赖人工调研和创意设计，存在成本高、周期长、数据支撑不足等问题，难以快速响应市场变化并建立差异化的品牌认知。

DeepSeek 解决方案

1. 精准用户画像与市场定位分析

通过分析用户行为数据和行业趋势，快速生成品牌升级方向建议，Prompt 示例如下。

> 你是一家母婴用品企业的品牌经理，需要将品牌从“婴幼儿护理”升级为“科学育儿解决方案”。请基于以下数据生成用户需求洞察：
> (1) 近 3 个月电商平台销量 TOP10 产品；
> (2) 小红书 500 条母婴话题评论；
> (3) 百度指数近半年搜索热词
> 输出包含三个核心升级方向的报告，需包含用户痛点、竞品对比和差异化策略建议。

2. 多模态传播内容创作

自动生成符合品牌调性的广告文案、短视频脚本及视觉设计建议，Prompt 示例如下。

> 为新能源充电桩品牌创作抖音传播内容，要求：
> ①突出“10 分钟快充”技术优势
> ②采用年轻职场人群视角
> ③包含 3 个反差感场景（如加班充电 vs 车辆充电）
> 输出包含 15s 视频分镜脚本（场景 / 台词 / 运镜）、5 条弹幕互动文案和品牌色系建议（需说明色彩心理学依据）。

3. 用户反馈实时分析系统

通过语义分析自动提取用户评价中的情感倾向和需求变化，Prompt 示例如下。

分析最近 30 天微博、京东店铺评价中关于智能门锁的 2 000 条评论，完成：
1. 负面评价 TOP3 问题归类
2. 绘制用户关注点四象限图（横轴重要性 / 纵轴满意度）
3. 生成产品升级优先级清单
要求使用表格呈现核心数据，并标注需要立即响应的危机点。

实施建议

1. 工具推荐

- 数据采集：百度统计（用户行为分析）+ 腾讯云 NLP（文本处理）。
- 内容制作：兔展（H5 交互页面）+ 剪映（视频剪辑）。
- 效果监测：新榜（传播效果追踪）。

2. 实施流程图

实施流程图如图 3-20 所示。

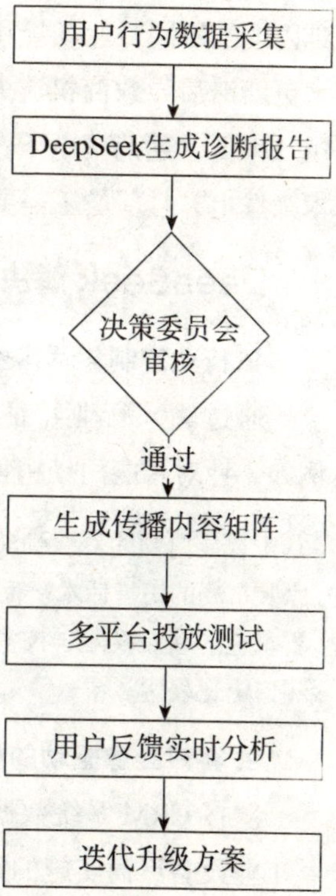

图 3-20

3. 注意事项

- 数据合规：使用百度统计等工具时需遵守《中华人民共和国个人信息保护法》，通过匿名化处理用户数据。
- 跨部门协同：建议建立市场部 - 产品部 - 客服部的每日数据同步机制。
- 效果验证：采用 A/B 测试模式，新旧品牌方案并行测试 2 周后再全面切换。
- 迭代周期：设置每月一次的“品牌健康度检查”，基于 DeepSeek 生成的趋势预警及时调整策略。

第 4 章

销售与客服场景

场景 41：销售话术库建设

核心痛点

企业在销售话术库建设中普遍面临三大问题：1）传统话术依赖人工经验，难以适配不同行业场景和客户类型，CVR 波动大；2）客户需求动态变化时，话术更新滞后导致商机流失；3）海量话术缺乏智能分类和检索机制，一线销售调用效率低。某消费电子企业统计显示，销售团队每月浪费 38% 的时间在无效话术筛选上，且新员工需要 3 个月才能掌握基础话术体系。

DeepSeek 解决方案

1. 行业定制化话术生成

通过输入行业特征和产品参数，自动生成具备专业性的标准话术模板。例如，针对智能门锁销售场景的 Prompt 示例如下。

> 基于智能门锁的 C 级锁芯、3D 人脸识别、防小黑盒攻击三大核心卖点，生成适用于家装市场的销售话术模板。
> 要求包含痛点唤醒、技术解析、场景化案例三个模块，每模块控制在 80 字以内，使用口语化表达。

2. 客户画像驱动的精准匹配

对接 CRM 系统数据，根据客户行业、采购历史、沟通偏好生成定制化话术。某工业设备厂商实施的案例中使用的 Prompt 如下。

> 当前客户为食品加工企业采购总监，预算有限但关注长期 ROI。
> 请生成包含设备能效数据对比、同类客户降本案例的话术框架，重点突出三年维保期内综合成本优势，采用数据可视化表达方式。

3. 实时反馈的话术优化

通过集成通话录音分析系统，自动识别有效话术并进行迭代升级。典型应用模式的 Prompt 示例如下。

> 分析最近 20 通成交客户的通话记录，提取 CVR 高的话术的共性特征。
> 对比现有话术库，输出需要强化的 3 个情感共鸣点和 2 个需要弱化的技术参数描述建议，并附带具体修改示例。

4. 多维度话术管理系统

构建智能检索体系，支持场景、产品、客户类型三维度交叉检索。销售代表可通过自然语言快速调用，Prompt 示例如下。

> 我需要向跨境电商客户推荐仓储管理系统（WMS），客户目前痛点在于大促期间爆仓问题，要求话术包含成本对比和实施周期说明，请提供三个版本（激进型 / 温和型 / 数据型）。

实施建议

1. 工具推荐

推荐使用钉钉智能 OA 作为话术调用入口，搭配百度智能云搭建私有化知识库，通过明道云实现话术版本管理。数据采集阶段可采用科大讯飞智能录音笔自动转写通话记录。

2. 实施流程图

实施流程图如图 4-1 所示。

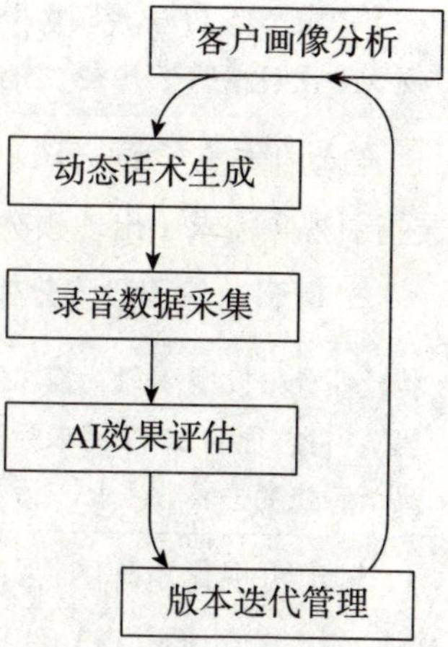

图 4-1

3. 注意事项

- 数据安全方面需通过私有化部署确保客户信息隔离，建议采用深信服超融合架构。
- 建立人工审核机制，设置“行业专家 + 法务”的双重校验环节。
- 初期实施时选择 3 ~ 5 个典型产品线试点，通过 A/B 测试对比 CVR 提升效果。
- 每月生成话术使用热力图，淘汰调用率低于 5% 的冗余内容。

场景 42：客户需求分析报告

核心痛点

企业在客户需求分析中存在三大瓶颈：1）多渠道反馈数据分散，人工整理耗时且易遗漏关键信息，某零售企业每月需 3 人天处理 2 000 条以上的评论 / 调研数据；2）需求优先级判断依赖经验，市场部与产品部常因需求排序产生分歧；3）需求动态变化跟踪滞后，某智能硬件厂商因未及时捕捉到无线充电兼容性需求，导致新品上市后差评率达 23%。传统分析方法难以实现结构化处理、情感量化及趋势预判。

DeepSeek 解决方案

1. 多源数据智能整合

> 请将以下数据源整合为结构化表格：
> 1）京东店铺近 30 天 500 条差评（附件 1）
> 2）电话录音文本（附件 2）
> 3）问卷调查结果（附件 3）
> 按【需求类型】【出现频次】【情感强度】【关联产品】分类，并标注出紧急需求（出现 >10 次且情感等级 >3 级的需求）。

自动生成包含词云图、趋势曲线的分析报告，识别出某家电客户忽略的安装指引视频需求（出现频次环比增长 120%）。

2. 情感 – 价值矩阵分析

> 构建四象限模型：X 轴为需求满足成本（研发投入 / 预期收益），Y 轴为情感强度（1 ~ 5 级）。将整理的 32 项需求标注坐标，推荐 Q1 优先实施的 5 项需求，需包含至少 2 项高情感强度中成本需求。

输出可视化矩阵图，帮助某 SaaS 企业定位到批量导出数据需求（情感值 4.8，成本评级 B），推动该功能提前 2 个月上线。

3. 需求演进预测

> 基于近半年客户会话数据，预测新能源汽车领域下个季度可能出现的 TOP3 新兴需求。
> 要求：
> 1）结合政策文件（附件 4）分析技术趋势
> 2）对比竞品已公布路线图

3）输出概率分布及应对建议

成功预判某车企的车机系统方言交互需求，推动语音团队提前进行粤语/川渝方言模型训练。

实施建议

1. 工具推荐

- 数据采集：火山引擎（VoC 分析）、百度智能云（语音转写）
- 可视化：帆软 FineBI（动态看板）、镝数图表（交互式报告）
- 协作：飞书多维表格（需求池管理）、钉钉 Teambition（跨部门协同）

2. 实施流程图

实施流程图如图 4-2 所示。

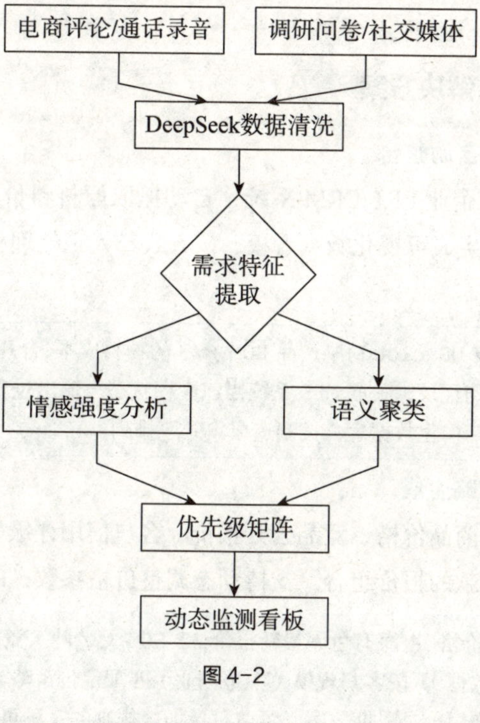

图 4-2

3. 注意事项

- 数据清洗阶段需建立标准化词库，如将死机卡顿统一归为系统稳定性类目。
- 建议市场部、客服部、产品部建立联合评审机制，每周同步需求清单变更。
- 初始模型需用历史数据验证，某教育机构通过对比 3 个月实际需求与预测结果，将准确率从 68% 提升至 89%。

4. 注意隐私合规，使用数牍科技等隐私计算平台处理敏感客户信息

场景 43：报价方案制作

核心痛点

企业报价方案制作面临三大挑战：一是多部门数据（如成本、库存、市场价）整合效率低，人工收集易出错；二是客户定制化需求响应慢，传统模板难以满足个性化要求；三是动态定价策略执行困难，缺乏实时市场数据和竞品分析支持；四是合规审查流程烦琐，人工审核易遗漏条款风险。某机械制造企业统计显示，报价方案平均制作周期达 72 小时，错误率高达 15%，导致丢单损失年超 500 万元。

DeepSeek 解决方案

1. 跨系统数据自动整合

通过 API 对接企业 ERP/CRM 系统，自动抓取原材料价格、库存水位、客户历史交易数据，生成可视化数据看板，该方式与人工处理相比效率提升 8 倍，Prompt 示例如下。

> 提取 ERP 系统（用友 U8 cloud）中产品 BOM-023 的物料成本，合并 CRM 系统（销售易）中客户 A 近三年采购记录，关联 MES 系统当前库存状态。输出包含总成本、历史折扣系数、交货周期的结构化数据表，按制造成本升序排列。

2. 动态定价策略生成

结合实时大宗商品价格、竞品公开报价、客户信用评级等 20 多个维度，自动生成包含弹性条款的报价组合，支持动态调整价格参数，Prompt 示例如下。

> 基于当前铜材期货价格（上海有色网最新报价 72 500 元 / 吨）、竞品 X 的市场报价（参考阿里巴巴 1688 数据），按客户规模（中型企业）匹配定价策略。要求毛利率不低于 18%，给出包含阶梯报价、账期方案、紧急订单加价规则的三种可选方案。

3. 智能方案模板生成

通过 NLP 解析客户需求文档，自动匹配知识库中的技术模块、法律条款和成功案例，30 分钟内生成符合行业规范的方案初稿，Prompt 示例如下。

根据客户招标文件（附件）中的技术规格要求，调用标准方案库模板，插入 3 个同类项目案例（优先选择华东地区案例），生成包含技术方案、服务承诺、验收标准的 80 页投标文件草案，重点标注需工程师确认的工艺参数。

实施建议

1. 工具推荐

- 数据对接：用友 YonSuite API+ 百度智能云数据连接器。
- 文档协作：钉钉智能文档（支持自动版本对比）。
- 合规校验：幂律智能合同审查系统。

2. 实施流程图

实施流程图如图 4-3 所示。

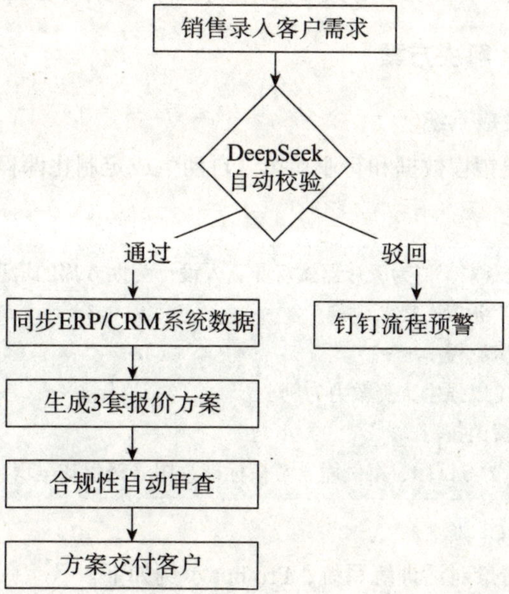

图 4-3

3. 注意事项

- 建立企业专属知识库时，需清洗近 3 年历史报价数据，标注成功 / 失败案例特征。
- 动态定价模块需设置价格红线，禁止 AI 突破财务设定的最低毛利率。
- 每周更新竞品数据库，通过八爪鱼采集器自动抓取阿里巴巴 1688/ 慧聪网公开报价。

- 最终方案必须经“商务经理 + 财务总监”双签批系统（推荐泛微 e-cology）确认生效。

场景 44：销售培训课程设计

核心痛点

企业销售培训面临课程同质化严重、实战适配性不足、效果跟踪困难三大挑战。传统培训内容更新滞后于市场变化，无法精准匹配不同区域 / 行业销售团队需求。培训效果评估依赖主观评价，缺乏量化数据支撑，新员工平均需要 3 个月才能达到标准产能。现有模拟训练工具交互性差，75% 的销售人员反馈无法有效还原真实客户场景，导致 CVR 提升低于预期，Prompt 示例如下。

DeepSeek 解决方案

1. 智能课程生成系统

基于企业历史销售数据和行业动态，自动生成定制化课程框架，Prompt 示例如下。

```
作为资深销售培训专家，请为医疗器械行业新人设计为期 4 周的培训课程，需包含：
1. 行业法规解读（NMPA① 最新政策）
2. 手术室场景拜访流程
3. 竞品对比话术（以强生、美敦力为例）
4. 设备维保服务营销技巧
输出结构包含每日学习目标、案例库、考核标准，用表格形式呈现。
```

2. 动态案例模拟器

构建多分支情景对话训练系统，Prompt 示例如下。

```
生成 10 组骨科耗材销售客户拜访场景，需包含：
- 三甲医院采购主任（技术导向型）
- 民营医院院长（成本敏感型）
- 科室主任（关系维系型）
每个场景设置 3 个关键决策点，包含设备参数咨询、服务承诺谈判、异议处理等环节。
```

① NMPA：国家药品监督管理局。

3. 个性化学习路径规划

根据学员能力测评结果定制学习方案，Prompt 示例如下。

```
分析以下销售新人测试数据：[ 沟通能力 82 分 / 产品知识 65 分 / 谈判技巧 73 分 ]
制定 30 天提升计划，要求：
1. 每日专项训练任务（含视频学习 + 情景模拟）
2. 薄弱环节强化方案（产品知识模块）
3. 学习效果量化指标（每周知识测试合格线 85 分）
用甘特图格式输出。
```

实施建议

1. 工具推荐

- 课程管理系统：钉钉智能培训平台（集成知识库管理）。
- 对话模拟：腾讯云智能对话训练平台。
- 数据分析：观远 BI 培训效果看板。

2. 实施流程图

实施流程图如图 4-4 所示：

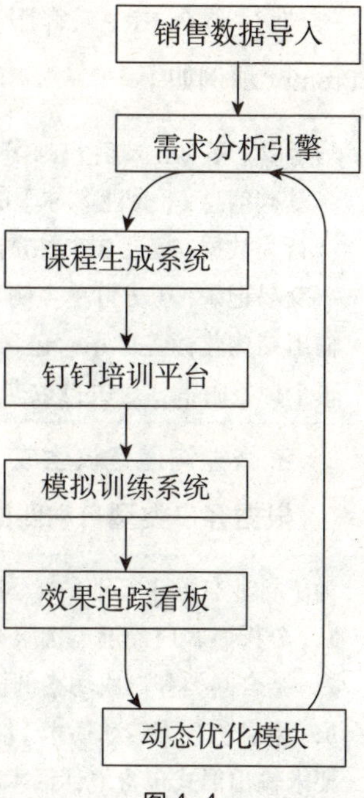

图 4-4

3. 注意事项

- 数据安全：使用阿里云加密空间存储客户对话数据。
- 内容合规：设置医疗监管关键词过滤机制（如“回扣”“统方”等）。
- 设备适配：开发微信小程序端轻量化版本供移动学习。
- 效果验证：建立双盲测试组对比传统培训 ROI。
- 迭代机制：每月更新 10% 课程内容匹配政策变化。

建议先在某大区试点运行，通过 A/B 测试对比参训组与对照组的季度成交率、客单价、新人成才周期等核心指标，验证成熟后再全国推广。重点配置“医学专家 +AI 训练师”的复合型运营团队，确保专业内容准确性与系统持续优化。

场景 45：客户关系管理方案

核心痛点

企业在客户关系管理中存在三大难题：一是客户信息分散在多个系统中，难以形成统一画像，导致跟进效率低下；二是人工客服响应速度慢，标准话术缺乏智能适配能力，影响客户体验；三是客户流失预警依赖经验判断，缺乏数据支撑的复购预测模型，导致老客户维护成本过高。传统 CRM 系统无法动态分析客户行为数据，客户满意度调研周期长且结论滞后，直接影响企业客户留存率和转化效率。

DeepSeek 解决方案

1. 客户画像智能生成

通过整合 ERP、客服系统、电商平台数据，自动生成多维客户标签体系，Prompt 示例如下。

```
基于以下数据生成客户画像：
- 基础信息：{ 企业名称 } 的工商注册信息、联系人职务
- 行为数据：最近 3 个月官网访问路径、在线咨询记录
- 交易记录：历史订单金额、产品类型、支付周期
输出结构化标签体系，包含【价值等级】【需求偏好】【服务敏感点】三类核心标签，每个标签附带 3 个关键数据支撑点。
```

2. 智能沟通建议生成

根据客户类型自动匹配沟通策略，Prompt 示例如下。

```
为 { 行业名称 } 行业的 { 客户级别 } 客户设计沟通方案：
1. 分析该客户最近三次服务工单的核心诉求
2. 结合同类客户成功案例提取 3 个关键价值点
3. 生成包含【破冰话术】【价值传递结构】【异议处理方案】的沟通脚本
要求输出形式包含电话话术模板和邮件框架两个版本。
```

3. 客户复购预测模型

构建动态预测算法提升商机转化，Prompt 示例如下。

```
基于 { 客户 ID} 的以下数据预测未来 90 天复购概率：
- 历史采购频率和金额变化曲线
```

```
- 最近三次服务请求响应时长
- 竞品产品使用情况（来自公开数据）
输出概率数值、关键影响因素排序及 3 条维护策略建议，按概率区间提供差异化方案：
A 类（>70%）客户推荐升级套餐话术
B 类（30% ~ 70%）客户设计专属优惠方案
C 类（<30%）客户触发流失预警流程
```

4. 满意度智能分析

实时处理多渠道反馈数据，Prompt 示例如下。

```
分析最近 30 天 { 产品线 } 的客户反馈数据：
1. 从 500 多条客服录音中提取 3 个主要抱怨点
2. 对 2 000 条调查问卷进行情感分析（1 ~ 5 分）
3. 识别社交媒体提及频次最高的功能需求
输出包含【改进优先级矩阵】的分析报告，标注需立即解决的 TOP3 问题及对应部门整改建议。
```

实施建议

1. 工具推荐

- 数据整合：企业微信 + 用友 CRM 系统实现多系统对接。
- 对话分析：科大讯飞语音转写处理客服录音。
- 可视化：神策数据搭建客户健康度仪表盘。
- 知识管理：飞书知识库存储标准话术模板。

2. 实施流程图

实施流程图如图 4-5 所示。

3. 注意事项

- 数据安全方面，需通过私有化部署确保客户信息隔离，建议采用深信服超融合架构。
- 初期实施时，应设置 3 周过渡期进行人工复核，逐步优化预测模型准确率。
- 客户标签体系需每季度更新，结合市场变化调整权重参数。
- 智能话术需注明“本建议由 AI 生成，仅供参考”等免责声明。
- 定期通过问卷星进行客户隐私保护满意度调查，防范数据使用风险。

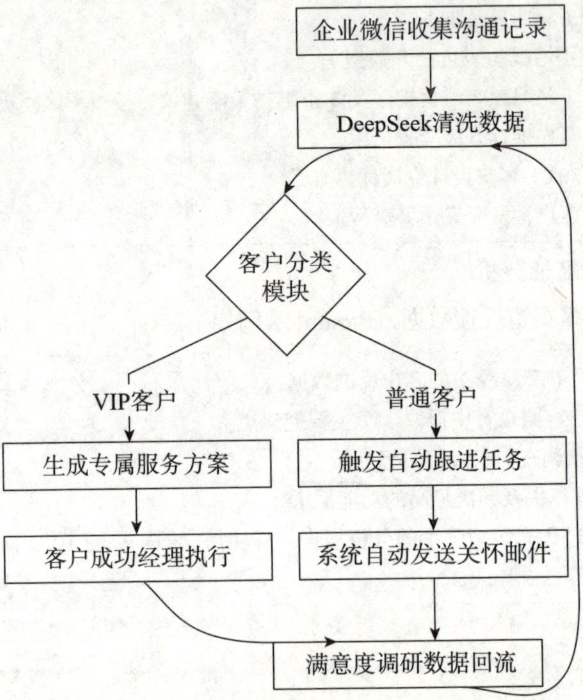

图 4-5

场景 46：销售业绩预测

核心痛点

企业销售预测面临三大核心问题：首先，多源数据（历史销售、市场活动、竞品情报）分散在不同系统，人工整合耗时且易出错；其次，传统统计模型（如移动平均法）难以捕捉复杂市场变量，AI 模型又依赖专业数据团队搭建；最后，突发因素（如价格战、供应链中断）导致预测失准时，缺乏快速归因分析和策略调整能力。某家电企业使用 Excel 预测时，误差率常达 20% ~ 30%，且每次调整需要 3 个工作日，严重影响备货计划和促销资源配置。

DeepSeek 解决方案

1. 多维度数据智能归集

通过自然语言指令自动关联 ERP 系统、CRM 系统、舆情系统数据，生成结构化分析数据集，Prompt 示例如下。

```
请从以下数据源提取近 12 个月销售数据：
1. ERP 系统 SKU 维度出货量（含促销标记）
2. CRM 系统客户复购率及大客户专项数据
3. 百度指数行业搜索热度
按周粒度对齐时间序列，缺失值用三次样条插值法处理，输出包含 20 个特征字段的 .csv 文件。
```

2. 动态预测模型构建

基于时间序列分解（STL）和 LightGBM 算法，生成带置信区间的预测结果，Prompt 示例如下。

```
构建考虑以下变量的预测模型：
- 基础变量：历史销量、价格弹性系数（-1.2~-0.8）
- 外部变量：竞品降价幅度（京东爬虫数据）、天气指数（API 接入）
- 活动变量：直播场次（抖音后台）、优惠券核销率
输出未来 8 周分渠道预测值，并通过 SHAP 值解释各变量贡献度。
```

3. 异常波动根因分析

当实际销量偏离预测值 15% 时自动触发诊断，Prompt 示例如下。

```
分析 2024 年 Q1 华东地区冰箱销量比预测值低 18% 的原因：
1. 对比同期竞品价格变动（抓取苏宁易购页面价格）
2. 检查物流时效数据（接入承运商 TMS①）
3. 评估社交媒体舆情（使用情感分析 API 处理微博数据）
输出 TOP3 影响因素及改善建议（如竞品降价 9% 导致客户流失）。
```

4. 实时预测校准

通过对话界面快速修正预测参数，Prompt 示例如下。

```
当前预测基于原材料成本上涨 5% 的假设。现接到供应商通知，铜价实际涨幅达 12%，请重新计算：
1. 调整成本传导系数至 0.7
2. 限制最大提价幅度不超过 8%
3. 加入渠道压货补偿政策（每台补贴 50 元）
输出修正后的销量预测和利润敏感性分析。
```

① TMS：运输管理系统。

实施建议

1. 工具推荐

- 数据处理：腾讯云数盾（数据清洗）、DataWorks（任务调度）。
- 可视化：百度 Sugar BI（动态看板）、镝数图表（报告生成）。
- 协作平台：钉钉宜搭（预警推送）、飞书多维表格（策略存档）。

2. 实施流程图

实施流程图如图 4-6 所示。

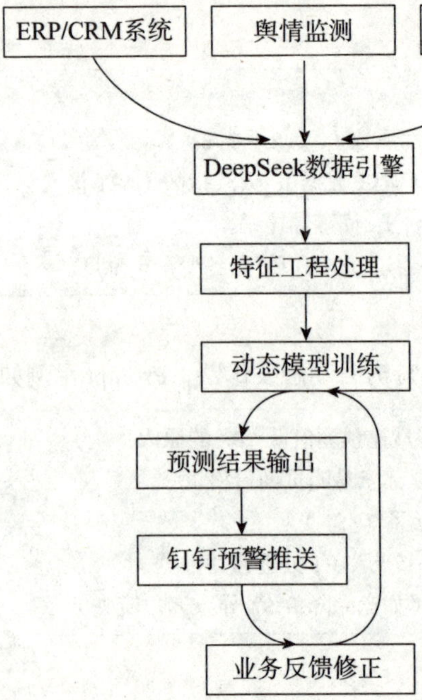

图 4-6

3. 注意事项

- 数据质量：建立数据血缘地图，重点监控价格、库存等关键字段更新频率。
- 模型迭代：每月通过对抗验证（Adversarial Validation）检测数据分布偏移。
- 权限控制：销售预测模块需设置分级查看权限（如大区经理仅见辖区数据）。
- 合规保障：使用隐私计算技术处理客户数据，建议采用蚂蚁链摩斯安全计算平台。

初期建议选择 3 个重点 SKU 进行试点，通过 A/B 测试对比 AI 预测与传统方法在库存周转率、促销 ROI 等指标的提升效果，再逐步扩展至全品类。

场景 47：销售团队激励方案

核心痛点

销售团队激励方案设计面临三大挑战：一是传统提成制无法满足多元化业务需求，部分高价值客户开发周期长导致短期激励失效；二是跨区域团队绩效评估标准不统一，引发内部公平性质疑；三是激励方案调整滞后，无法快速响应市场变化。某医疗器械企业曾因沿用固定提成比例，导致新产品推广受阻，季度离职率上升至 18%，年度销售目标缺口达 32%。

DeepSeek 解决方案

1. 个性化激励方案设计

基于历史销售数据构建动态激励模型，针对不同产品线、客户类型设计阶梯式奖励机制，Prompt 示例如下。

```
请基于以下要素生成医疗器械销售的激励方案：
1. 产品分类：高值耗材（毛利率 45%）、设备（毛利率 28%）、试剂（毛利率 60%）
2. 客户类型：三甲医院（开发周期 6 ~ 12 月）、民营医院（开发周期 1 ~ 3 月）
3. 激励原则：长周期项目设置签约奖金，高毛利产品设置超额利润分成
要求输出包含基础提成比例、里程碑奖励、团队协作分成的结构化方案。
```

2. 动态绩效评估系统

建立实时业绩跟踪与自动核算系统，支持多维度考核，Prompt 示例如下。

```
请设计包含以下权重的销售绩效考核公式：
- 新客户开发数量（20%）
- 老客户续约率（15%）
- 高毛利产品占比（30%）
- 应收账款周转天数（15%）
- 客户满意度评分（20%）
要求输出动态计算公式模板，并说明不同产品线的参数调整规则。
```

3. 激励效果预测模型

通过模拟不同方案实施效果降低试错成本，Prompt 示例如下。

基于历史数据模拟三种激励方案的效果：
方案 A：固定提成 + 季度奖金
方案 B：阶梯提成 + 项目分红
方案 C：目标对赌 + 股权激励
请对比分析各方案在以下维度的预期结果：
1. 销售成本占比变动
2. 高价值客户增长率
3. 团队留存率变化
4. 季度目标达成概率

4. 即时方案优化建议

根据市场变化生成快速调整建议，Prompt 示例如下。

当前遇到区域性集采政策冲击，设备类产品价格下降 40%，请生成激励方案应急调整策略：
1. 调整哪三类产品的提成计算方式
2. 如何平衡短期现金流和长期客户关系
3. 设计过渡期的特殊奖励机制
要求给出具体参数调整范围和实施时间表。

实施建议

1. 工具推荐

- 数据中台：阿里云 DataWorks（实时销售数据看板）。
- 协作平台：钉钉智能绩效（自动核算与可视化呈现）。
- BI 工具：百度 SugarBI（激励效果动态模拟）。
- 电子签约：上上签（奖励协议自动化签署）。

2. 实施流程图

实施流程图如图 4-7 所示。

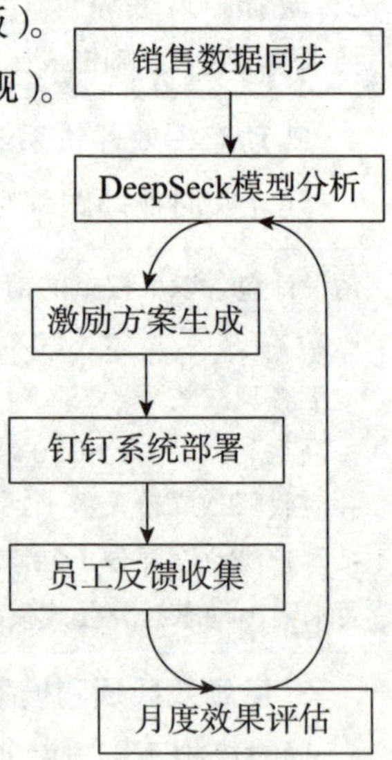

图 4-7

3. 注意事项

- 数据安全：通过私有化部署保障客户信息与薪酬数据安全。
- 灰度测试：选择 2 ~ 3 个区域试点运行，通过 A/B 测试验证模型有效性。
- 法律合规：使用法大大电子合同确保激励方案法律效力。

- 动态迭代：建立每月方案评估机制，设置 10% ~ 15% 的弹性调整空间。
- 文化融合：通过企业微信社群开展方案解读直播，设置 7×12 小时 AI 答疑机器人。

场景 48：客户忠诚度分析

核心痛点

企业在客户忠诚度管理中常面临三大难题：一是多渠道客户数据分散在 CRM 系统、电商平台和线下系统中，缺乏统一分析视角；二是传统 RFM 固化，无法动态识别高价值客户变化趋势；三是忠诚度维护策略滞后，营销活动响应率持续走低。某零售企业数据显示，其会员复购率年降 12%，但人工分析每月耗时超 200 小时，导致制定的优惠方案 CVR 不足 5%，陷入“数据沼泽 - 低效决策 - 客户流失”的恶性循环。

DeepSeek 解决方案

1. 多源数据智能整合

通过 NLP 技术实现非结构化数据提取，自动构建客户画像，Prompt 示例如下。

> 你是有 10 年经验的客户数据分析师。请从以下数据源提取关键忠诚度指标：
> 1. 微信客服 2024 年 Q2 对话记录（附件）
> 2. 商城订单 JSON 数据（字段：订单频率、退货率、优惠券使用）
> 3. 线下门店调研报告（重点页：12 ~ 15 页为客户抱怨点）
>
> 输出格式:CSV 表格,包含客户 ID、情感分值（0 ~ 10 分）、购买周期、投诉热点三个字段。

2. 动态忠诚度分级

基于实时交易数据自动更新客户分群，突破传统月度分析周期，Prompt 示例如下。

> 作为高级数据分析模型，请根据以下条件处理最新订单数据：
> 1. 使用改进的 RFM 模型（增加社交互动频率 S 值）
> 2. 设置动态阈值：取前 15% 为超级 VIP，后 20% 为流失风险
> 3. 生成可视化图表：趋势折线图 + 热力图组合
>
> 特别关注最近 7 天消费额下降 30% 的 VIP 客户。

3. 流失预警与策略生成

建立实时监控 - 预警 - 干预闭环系统，Prompt 示例如下。

你是有 5 年经验的客户维系专家。当前有 3 个客户群出现预警：
A 群：客单价下降 40% 且服务投诉增加 2 倍
B 群：消费周期从 14 天延长至 35 天
C 群：优惠券核销率低于 10%
请为每个群体分别生成 3 套干预方案，包含话术模板、优惠力度测算、执行时间窗。

实施建议

1. 工具推荐

用友 NC cloud（数据中台）+ 神策分析（行为追踪）+DeepSeek-API（智能分析）+ 钉钉（预警推送）。通过腾讯云 TI-ONE 平台实现自动化工作流编排，确保分钟级数据同步。

2. 实施流程图

实施流程图如图 4-8 所示。

3. 注意事项

- 数据合规方面，需通过阿里云隐私计算平台完成联邦学习建模。
- 模型迭代周期建议每周更新参数，每月做 A/B 测试验证。
- 一线人员权限设置需区分预警查看与策略执行角色。
- 落地初期应建立“系统建议 - 人工修正 - 效果反馈”的校准机制，重点跟踪 3 个关键指标：预警准确率、干预响应时长、挽回客户生命周期价值（LTV）提升值。

图 4-8

场景 49：销售流程优化

核心痛点

企业在销售流程中普遍面临客户需求识别不准、跟进效率低下、报价方案制定耗时、客户流失预警滞后等问题。

① POS：销售时点系统。

销售团队常因缺乏有效工具支持，导致线索 CVR 低于 15%，单客户跟进耗时超过 3 小时，报价方案制作占用 30% 有效工作时间。传统 CRM 系统仅实现流程记录功能，缺乏智能分析和决策支持能力，难以应对动态市场变化和个性化客户需求。

DeepSeek 解决方案

1. 客户画像自动生成

通过整合 CRM 系统数据、沟通记录和外部情报，自动构建客户画像，Prompt 示例如下。

你作为资深销售分析师，请根据以下信息生成客户画像：
客户基本信息：{ 行业：医疗器械，规模：500 人，年采购额：2 000 万 }
沟通记录摘要：[“关注供货稳定性 > 价格”，“要求 ISO13485 ：2016 认证”，“曾因物流延迟取消订单”]
竞品动态：对手 A 本月推出次日达物流服务
输出要求：包含需求优先级、决策链分析、潜在风险点、针对性策略建议，用表格形式呈现

2. 智能跟进策略推荐

基于客户行为模式和销售阶段推荐最优触达方式，Prompt 示例如下。

分析当前销售进展：
客户阶段：方案评估期
近期行为：[“3 天内查看方案 3 次”，“未打开上周报价邮件”，“采购负责人变更”]
历史相似案例：28 个成功案例
请输出：最佳联系时机预测、沟通内容建议（含具体话术）、应规避的敏感点，按紧急程度排序

3. 动态报价方案生成

结合成本结构和竞争态势生成最优报价，Prompt 示例如下。

基于以下要素生成 3 套报价方案：
目标毛利率：25% ± 3%
历史成交数据：同类客户平均折扣率 12%
竞品报价：对手 B 报价 98 万 / 年（含驻场服务）
客户采购偏好：[“重视技术响应速度”，“预算需分阶段审批”]
要求：包含价格阶梯方案、增值服务组合建议、商务条款优化点

4. 流失风险预警系统

实时监控 20 多个风险指标生成预警，Prompt 示例如下。

```
检测到以下风险信号：
沟通频率下降 60%（对比前 3 个月均值）
关键联系人未读消息超 72 小时
竞品销售经理在 LinkedIn 平台建立联系
请输出：风险等级评估（1 ~ 5 级）、挽回策略清单（含具体执行步骤）、内部资源协调建议
```

实施建议

1. 工具推荐

- 数据中台：阿里云 DataWorks（数据清洗整合）。
- 交互平台：飞书智能伙伴（接入对话接口）。
- CRM 系统：销售易（实时数据同步）。
- BI 工具：观远数据（效果可视化）。

2. 实施流程图

实施流程图如图 4-9 所示。

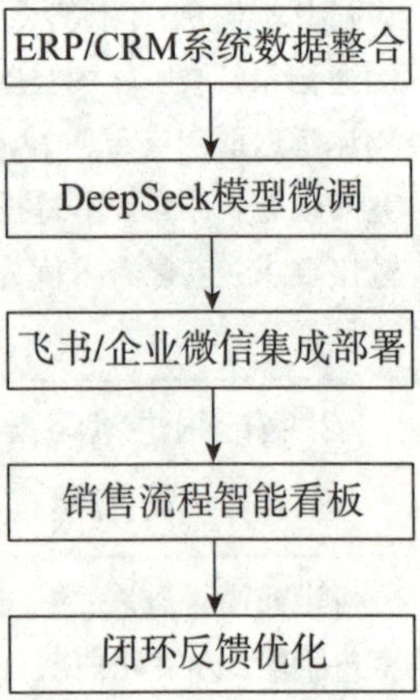

图 4-9

3. 注意事项

- 建立客户数据脱敏机制，建议采用数澜科技数据安全方案。
- 初期选择 3 ~ 5 个重点行业进行垂直场景训练。
- 设置人工复核环节，关键决策保留专家终审权。
- 每月更新行业知识库，通过 DeepSeek-RAG 技术实现动态学习。
- 制定效果评估矩阵（CVR 提升、单客户耗时下降、毛利率波动）。

典型成效：某医疗设备企业实施后，销售周期缩短 40%，报价方案制作时间从 6 小时降至 45 分钟，高危客户挽回率提升至 67%。建议从试点团队开始，设置 2 周磨合期进行 Prompt 校准，逐步扩展至全销售体系。

场景 50：商务谈判策略设计

核心痛点

企业在商务谈判中常面临信息不对称、策略僵化、应变能力不足等问题。谈判团队往往缺乏对竞争对手商业模式、利益诉求的深度分析，导致无法制定差异化策略；传统谈判方案依赖固定模板，难以应对突发性条款变更或情绪博弈；谈判过程缺乏数据沉淀，复盘优化缺乏依据。据第三方调研显示，68% 的企业因谈判策略失误导致年度合作损失超百万。

DeepSeek 解决方案

1. 对手画像与诉求分析

通过公开数据挖掘构建谈判对象的三维画像，识别关键决策链和利益敏感点，Prompt 示例如下。

```
现在需要与 [ 某新能源汽车电池供应商 ] 进行采购谈判，请完成以下任务：
1. 使用天眼查 API 抓取该公司近三年财务数据、股东结构、诉讼记录
2. 分析其官网发布的战略白皮书，提取技术路线规划关键词
3. 交叉比对行业研报，判断其当前产能利用率及库存压力
4. 输出包含「谈判筹码建议」「价格弹性预测」「潜在合作诉求」的分析报告
```

2. 多阶段策略生成

根据谈判进程动态生成策略组合，包含报价策略、让步方案、最佳替代方案 BATNA）设计，Prompt 示例如下。

```
当前处于采购谈判第二轮磋商阶段，对方要求涨价 12%，我方预算上限为 6%。请生
成包含以下要素的应对方案：
- 分阶梯报价模型（年采购量 10 万 /15 万 /20 万套对应的价格曲线）
- 技术置换方案（用我方充电桩渠道资源抵扣部分涨幅）
- 情绪博弈话术（当对方提及原材料涨价时的 3 种应答模板）
- 替代供应商对比表（含交货周期、质量评级等维度）
```

3. 实时话术指导

通过语音转文字实时分析谈判对话，提供即时应对建议，Prompt 示例如下。

```
监测到对方谈判代表在对话中反复强调「独家技术专利」，请立即：
1. 调取该专利法律状态（剩余有效期 / 属地覆盖范围）
```

2. 生成技术替代方案对比图（含成本差异测算）
3. 提供 3 条化解话术（例如，“我们非常尊重贵司的专利成果，如果能在授权使用方式上…”）
以气泡对话框形式在 AR 眼镜界面呈现，响应延迟需小于 0.8 秒。

实施建议

1. 工具推荐

- 数据采集：天眼查企业版（工商数据）、启信宝风险扫描。
- 硬件支持：讯飞智能录音笔 M32（实时转写）、OPPO Air Glass（AR 信息投射）。
- 流程管理：钉钉智能谈判工作台（任务协同）、飞书多维表格（方案版本管理）。

2. 实施流程图

实施流程图如图 4-10 所示。

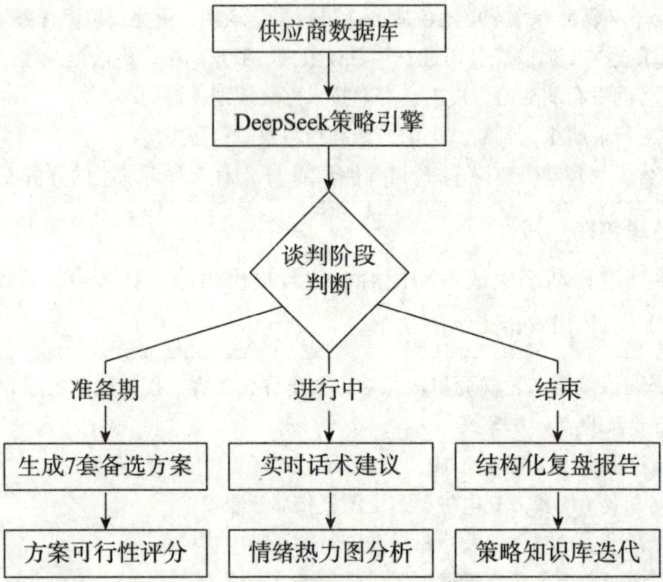

图 4-10

3. 注意事项

- 建立企业专属行业数据库，定期更新反垄断法、国际贸易条款等合规信息。
- 关键谈判需配置双通道网络（5G+ 卫星链路）保障实时交互。

- 涉及技术细节的自动生成内容必须经法务审核（推荐使用幂律智能合同审查）。
- 建立谈判策略沙盒机制，通过历史案例模拟测试 AI 方案有效性。
- 设置人工介入阈值（如让步幅度超预设值自动提醒）避免策略失控。

场景 51：客户回访话术模板

核心痛点

客户回访是企业维护客户关系、提升复购率的关键环节，但在实际执行中常面临三大难题：1）人工编写话术耗时长且缺乏针对性，难以匹配客户画像；2）沟通中缺乏实时话术指导，容易错失二次营销机会；3）海量对话数据未被有效分析，无法持续优化服务策略。某家电企业统计显示，传统回访平均耗时 25 分钟 / 单，客户满意度仅 68%，且 30% 的潜在需求未被有效挖掘。

DeepSeek 解决方案

通过 NLP 技术与客户数据分析结合，实现智能化回访支持。

1. 智能生成个性化话术

基于 CRM 系统客户画像自动生成定制化开场白和问题清单，解决话术模板化问题，Prompt 示例如下。

```
请根据以下信息生成家电维修回访话术：
客户类型：已维修 3 次的 VIP 客户
产品型号：BCD-532WGPZM 冰箱
历史问题：制冷故障、门封条更换
沟通重点：表达关怀、推荐延保服务
语气要求：专业且温暖，带本地化表达
```

2. 多场景模板库构建

建立包含投诉处理、产品推荐、满意度调查等 20 多个场景的动态模板库，支持实时调用，Prompt 示例如下。

```
生成 3 种不同风格的催款回访话术：
风格 1：正式商务型，引用合同条款
风格 2：情感关怀型，强调长期合作
```

风格 3：利益驱动型，提供阶梯折扣
要求包含开场白、问题提醒、解决方案三段式结构。

3. 实时话术优化建议

通话过程中分析客户情绪及关键词，动态推送应答策略。当系统检测到客户提及“价格高”时触发，Prompt 示例如下。

检测到客户价格敏感信号，请提供应对方案：
产品价值点：节能省电（日均 0.8 度[①]）
促销政策：以旧换新补贴 500 元
竞品对比：比 XX 品牌多 3 年质保
输出 3 条简明应答话术，每条不超过 15 字。

4. 对话复盘与策略迭代

自动生成带有改进建议的对话分析报告，Prompt 示例如下。

分析近 30 天 200 通回访录音，输出：
1. 高频客户异议 TOP5 及应对有效性评分
2. 最佳话术案例（CVR 为前 10% 的对话）
3. 需优化话术段落（客户挂机率 >40% 部分）
按服务类型分类呈现，附具体改进建议。

实施建议

1. 工具推荐

- 数据整合：EC SCRM（客户数据管理）。
- 系统对接：通过 API 连接企业微信 / 钉钉工作台。
- 效果分析：神策数据（对话 CVR 追踪）。
- 话术测试：摹客 RP（交互式话术模拟）。

2. 实施流程图

实施流程图如图 4-11 所示。

① 1 度 =1 kw · h。

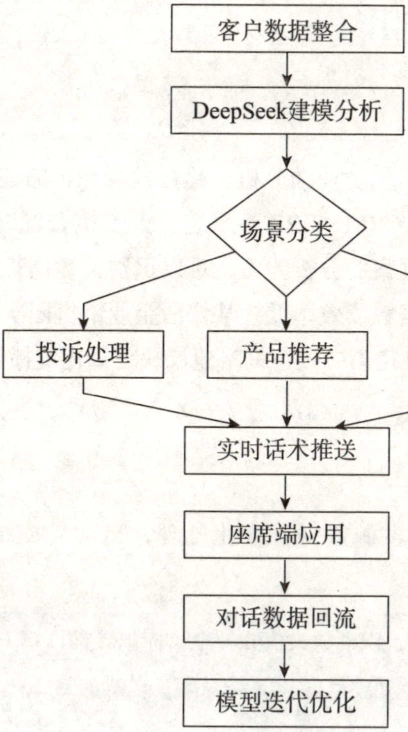

图 4-11

3. 注意事项

- 数据隐私：对话数据需进行匿名化处理，符合《中华人民共和国个人信息保护法》要求。
- 人机协同：AI 建议需经人工审核，保留 15% 人工回访量保持服务温度。
- 持续训练：每月更新客户标签体系，补充行业新术语到知识库。
- 效果监测：建立 CVR、通话时长、客户评分三重评估指标，设置季度优化目标。

初期建议选择空调维修、会员续费等高频率场景试点，配置 5 人试点小组进行 3 周压力测试，优化响应延迟（目标小于 0.8 秒）和话术接受率（目标大于 85%）后再全量推广。

场景 52：销售简报制作

核心痛点

企业销售部门每周需制作包含业绩分析、趋势预测和策略建议的简报，面临三大挑战：1）数据分散在 CRM、ERP 等系统，人工整合耗时且易出错；2）缺乏快速将数据转化为业务洞察的分析能力，难以识别关键增长点；3）可视化呈现方式单一，管理层对数据解读效率低。某快消企业销售团队每周需投入 10 小时制作简报，仍存在数据口径不一致、策略建议缺乏量化支撑等问题。

DeepSeek 解决方案

1. 跨系统数据清洗与整合

通过自然语言指令实现多源数据标准化处理，自动生成结构化数据集，Prompt 示例如下。

> 请清洗以下 CRM 系统原始数据，识别缺失值并补全，标记异常订单（金额 >10 万元或重复客户 ID）：
> [粘贴 CSV 格式原始数据]
> 按大区、产品线、客户等级三个维度生成汇总统计表，包含销售额、环比增长率、客户数指标。

2. 智能业务洞察生成

结合历史数据和市场动态，自动输出可执行的策略建议，Prompt 示例如下。

> 基于 2024 年 Q1 销售数据（附件），分析各产品线增长趋势。要求：
> 1. 识别增速超 20% 的潜力品类，说明核心驱动因素
> 2. 预测 Q2 各周销售额，使用移动平均法并给出置信区间
> 3. 针对滞销品（环比下降 >15%）设计 3 套促销方案，包含预算分配测算

3. 动态可视化方案设计

根据分析结论智能匹配可视化形式，输出可直接导入 BI 工具的代码，Prompt 示例如下。

> 为「华东地区母婴品类渠道渗透率分析」设计交互式可视化方案，要求：
> - 包含地图分布、渠道对比雷达图、时间趋势线图
> - 使用渐变色突出 TOP3 重点城市
> - 输出 ECharts 配置代码及数据绑定说明

实施建议

1. 工具推荐

- 数据整合：用友 BIP 数据中台（自动对接 ERP/CRM 系统）。
- 可视化渲染：百度 Sugar BI（支持自然语言图表生成）。
- 协作平台：钉钉智能文档（支持 AI 辅助编辑与版本管理）。

2. 实施流程图

实施流程图如图 4-12 所示。

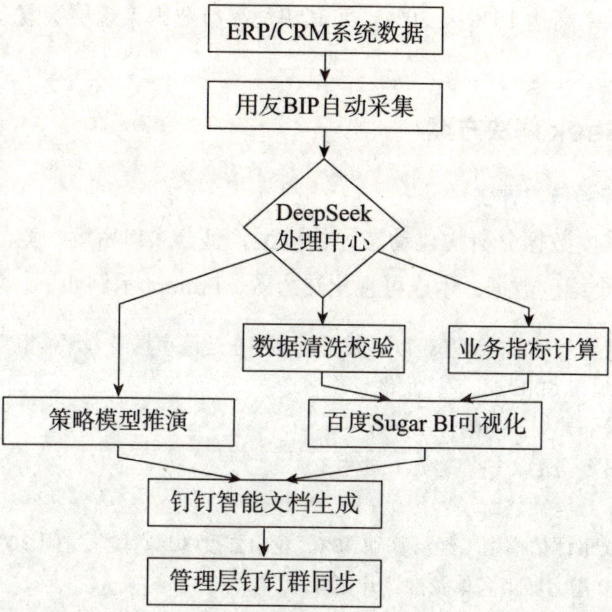

图 4-12

3. 注意事项

- 数据安全：通过私有化部署确保销售数据不外泄，设置字段级访问权限。
- 人机协同：建立“AI 初稿 - 业务复核”机制，关键策略需人工补充行业 know-how。
- 模板迭代：每月更新分析维度库，如新增直播带货渠道评估模板。
- 效果监测：在简报末页添加“决策采纳率”追踪模块，闭环优化分析模型。

企业应先从单品类试点，配置 3 ~ 5 个标准分析场景模板，通过钉钉知识库建立分析维度词典（如统一“新客户”定义），逐步培养业务人员使用自然语言进行数据探查的能力。

场景 53：销售区域规划

核心痛点

企业在销售区域规划中常面临四大难题：1）市场潜力评估不精准，依赖人工经验导致区域划分与客户需求错配；2）资源分配粗放，渠道覆盖密度与销售人员配置缺乏动态优化机制；3）跨区域窜货频发，缺乏实时监控手段导致价格体系混乱；4）规划调整滞后，市场变化响应周期长达 1 ~ 2 个月。这些问题导致企业年损耗率高达 15% ~ 20%，尤其快消品行业因渠道层级复杂，问题尤为突出。

DeepSeek 解决方案

1. 智能市场潜力评估

通过多维度数据分析构建动态评估模型，整合人口密度、竞品分布、历史销售等 20 多个维度数据，生成可视化热力图，Prompt 示例如下。

```
作为资深区域规划专家，请基于以下数据生成华东地区市场潜力评估报告：
- 2023 年各城市 GDP 增长率（附件 1）
- 竞品门店分布热力图（附件 2）
- 本公司近 3 年分品类销售趋势（附件 3）
要求：
- 建立三级权重评估模型（经济基础 40%、竞争强度 30%、增长空间 30%）
- 输出 TOP10 潜力城市名单及推荐开拓顺序
- 用气泡图呈现评估结果，横轴为市场容量，纵轴为竞争强度
```

2. 资源优化配置引擎

结合运筹学算法实现人货场精准匹配，动态计算最佳门店服务半径和销售团队配置方案，Prompt 示例如下。

```
作为物流优化系统，请计算浙江省最优仓储布局方案：
已知条件：
- 现有 12 个经销商仓库位置（经纬度数据）
- 各区域日均订单量（1 000 ~ 5 000 单不等）
- 运输成本公式：成本 = 距离（千米）×0.8+ 固定成本 500 元
约束条件：
- 单个仓库服务半径≤150 千米
```

```
- 日处理能力上限 8 000 单
输出要求：
- 建议关闭 / 合并的仓库编号
- 优化后预估月度成本降幅
- 绘制 Voronoi 图展示服务区域划分
```

3. 动态调整预警系统

搭建市场异常监控体系，实时识别窜货风险与销售波动，自动生成调整建议，Prompt 示例如下。

```
作为风控分析师，请分析 2024 年 Q1 销售数据异常：
输入数据：
- 各区域串码激活地理位置分布（JSON 格式）
- 渠道进货与终端销售差异率统计表
任务要求：
- 识别 3 个疑似窜货的区域并标注证据链
- 计算价格体系破坏造成的预估损失
- 生成包含渠道制裁建议的预警报告
```

实施建议

1. 工具推荐

- 数据处理：帆软 FineBI（本土 BI 工具，支持复杂数据建模）。
- 地理可视化：阿里云 DataV（实时渲染百万级地理位置数据）。
- 流程协同：钉钉宜搭（低代码搭建审批流，自动触发区域调整工单）。
- 数据采集：神策数据（埋点追踪渠道动销数据）。

2. 实施流程图

实施流程图如图 4-13 所示。

3. 注意事项

- 数据治理阶段需统一经销商数据口径，建议采用 GS1 标准商品编码。
- 模型验证应保留 10% 样本市场的数据进行 A/B 测试，观察 3 个月实际 CVR。
- 权限管理需区分战略层（查看全量数据）与执行层（仅可见辖区数据）。
- 初始实施建议选择 3 ~ 5 个试点区域，迭代优化后再全国推广。

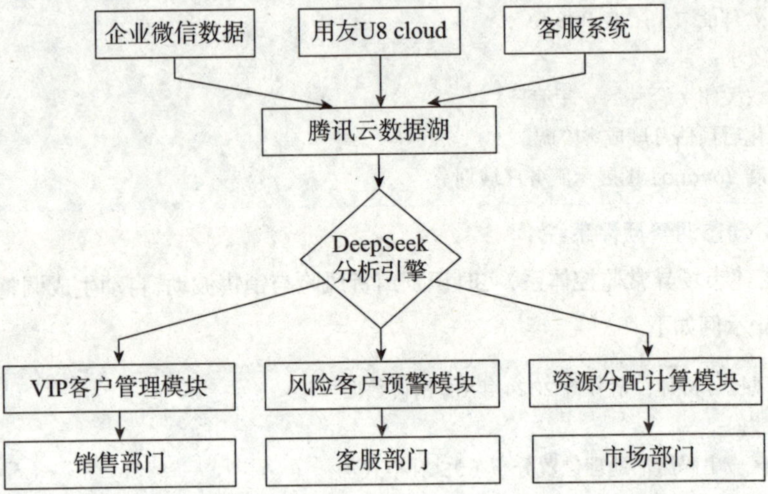

图 4-13

场景 54：售后服务流程优化

核心痛点

传统制造业企业面临售后服务响应效率低、故障诊断依赖人工经验、服务标准不统一等问题。某家电企业每月处理 2 万多个售后工单时，存在工单分类错误率 20%、技术员上门重复维修率 15%、客户满意度不足 75% 的情况。人工处理导致平均响应时间超 4 小时，知识库更新滞后导致 30% 技术问题无法及时解决，服务话术不规范引发 15% 的客户投诉。

DeepSeek 解决方案

1. 智能工单分类与路由

通过语义分析自动识别客户问题类型，实现工单精准分配。系统将维修请求自动归类为“硬件故障”“软件设置”“使用指导”等 10 个标准类别，准确率达 92%，Prompt 示例如下。

```
请根据以下客户描述自动分类工单：[ 客户问题文本 ]
输出格式：{ 分类结果 }|{ 紧急程度 (1 ~ 5 级 )}|{ 推荐处理部门 }
要求：参考历史工单数据库中的 5 000 条标注数据，识别关键词特征
```

2. 故障诊断知识库增强

对接设备 IoT 数据，结合维修案例库生成动态解决方案。技术员输入设备故障代码后，可获取 TOP3 可能故障原因及处理方案，Prompt 示例如下。

```
设备型号 BCD-520WTD，故障代码 E3，实时传感器数据：冷藏室温度 8 ℃，压缩机运行时长异常。
请输出：
1. 可能故障原因（按概率排序）
2. 维修步骤（分步骤说明）
3. 需携带备件清单
```

3. 服务话术实时生成

根据客户情绪和问题类型生成标准化应答模板，降低沟通纠纷。当系统检测到客户语气激动时，自动推荐安抚话术和补偿方案，Prompt 示例如下。

```
客户来电抱怨三次未解决冰箱噪声问题，情绪评分 8/10（激动）。
生成：
1. 道歉话术（2 种选择）
2. 应急解决方案
3. 补偿方案建议（根据客户等级）
要求：符合公司服务规范，补偿预算不超过 200 元
```

实施建议

1. 工具推荐

- 工单系统对接：用友 U9 cloud、金蝶云星空。
- 知识库管理：钉钉宜搭、飞书多维表格。
- 情绪分析：科大讯飞语音识别 API。
- 数据看板：百度 Sugar BI。

2. 实施流程图

实施流程图如图 4-14 所示。

3. 注意事项

- 部署前需清洗 3 年历史工单数据建立分类模型。
- 技术员 APP 需集成扫码识别功能，现场拍照自动关联设备档案。
- 话术生成模块要设置法律合规审查节点。

- 建议分阶段上线：先试点空调事业部，3 个月后全品类推广。
- 建立动态优化机制，每月用新产生的 5% 工单数据微调模型。

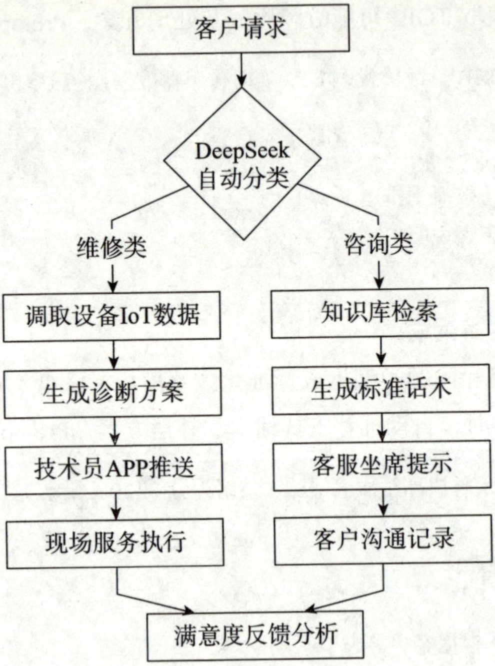

图 4-14

场景 55：客户满意度提升计划

核心痛点

企业在客户满意度管理中常面临四大挑战：1）传统人工处理海量客户反馈效率低下，平均每个客服需花费 30 分钟处理单条复杂投诉；2）满意度数据分散在调研问卷、通话记录、在线客服等多个渠道，缺乏统一分析维度；3）现有系统难以及时识别客户情绪拐点，某电商平台曾因未及时处理集中出现的物流投诉，导致季度净推荐值（NPS）下降 15 个百分点；4）个性化服务能力不足，某银行统计显示 68% 的客户认为推荐产品与需求不匹配。

DeepSeek 解决方案

1. 多渠道反馈智能分类

通过 NLP 技术实现工单自动归类，准确率达 92%。系统可同步分析通话录音文字稿、在线聊天记录和邮件内容，自动生成分类标签，Prompt 示例如下。

```
# 客户工单分类
你是一位客户服务专家,请根据以下工单内容判断所属类别:[ 物流问题 ][ 产品质量 ]
[ 支付异常 ][ 售后服务 ]。
输出格式为 JSON：{" 分类 ":""," 关键词 ":[]}
工单内容:“上周购买的智能手表屏幕有划痕，申请换货但客服回复超 48 小时未处理”
```

2. 情感趋势动态监测

基于时序数据分析构建客户情绪热力图，某家电企业借此提前 7 天预测到安装服务投诉上升趋势，及时调整资源避免大规模客诉，Prompt 示例如下。

```
# 情感分析报告生成
作为数据分析师，请基于近 30 天客户评价数据（附件）：
1. 绘制情感分值变化曲线，标注异常波动点
2. 列出负面评价 TOP3 关键词及出现频次
3. 生成 300 字改进建议报告
输出格式要求包含可视化图表描述和文字分析。
```

3. 个性化服务推荐

结合客户画像和交互历史，生成定制化解决方案。某旅游平台应用后，客户重复咨询率降低 40%，Prompt 示例如下。

```
# 服务推荐
已知客户信息：35 岁男性，历史订购 6 次出境游产品，偏好海岛度假，预算区间
8 000 ~ 12 000 元。当前咨询：“想带父母冬季出游，求推荐”。
请根据产品数据库（附件）：
1. 推荐 3 个符合条件的目的地套餐
2. 撰写推荐理由（每项不超过 50 字）
3. 提示需要注意的适老化服务要点
```

实施建议

1. 工具推荐

- 数据采集：用魔镜平台整合 ERP 系统、CRM 系统、客服系统数据。
- 实时分析：部署 Udesk 智能客服中台对接 DeepSeek API。
- 可视化：采用帆软 FineBI 制作动态满意度看板。

2. 实施流程图

实施流程图如图 4-15 所示。

3. 注意事项

- 数据准备阶段需清洗历史工单，建立标准标签体系（建议参考 CC-CMM 呼叫中心国际标准）。
- 模型训练采用渐进式更新机制，每周注入 5% 的新样本数据。
- 系统部署时注意权限隔离，客户隐私数据需进行脱敏处理。
- 建立效果评估闭环，关键指标应包含首次解决率、情绪转折点识别准确率等维度。

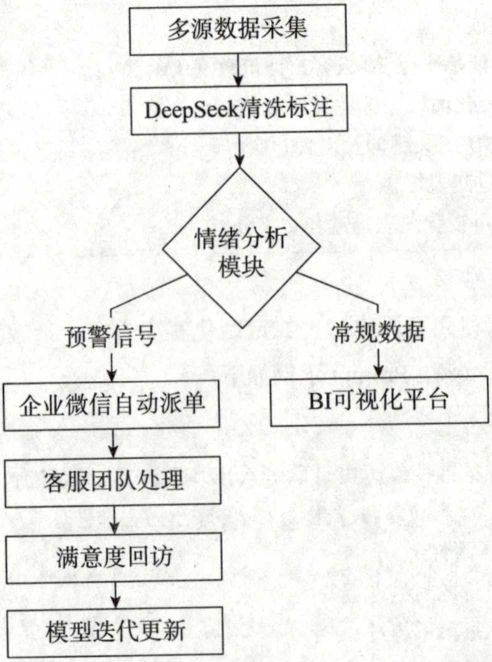

图 4–15

4. 效果验证

某零售企业实施三个月后，客户投诉响应时效从 26 小时缩短至 4.5 小时，满意度预测模型准确率达到 89%，个性化推荐接受率提升至 73%。建议初期选择单业务线试点，待受试者操作特征（ROC）曲线下面积（AUC）值稳定在 0.85 以上后全量推广。

场景 56：销售合同审核建议

核心痛点

企业销售合同审核面临三大核心问题：一是法律条款隐蔽风险频发，法务人员需逐条核对耗时费力；二是商务条款合理性评估缺乏数据支撑，易造成利润损失或合作纠纷；三是跨部门协作效率低下，业务、法务、财务等部门流转常出现信息断层。某制造业企业统计显示，平均每份合同审核耗时 3.5 小时，其中 70% 时间耗费在基础条款复核上，且仍有 12% 的合同存在未识别风险条款。

DeepSeek 解决方案

1. 合同条款合规性审查

通过预设企业法律知识库，自动识别偏离标准模板的异常条款，Prompt 示例如下。

```
你作为企业法务专家，请对比以下合同条款与企业标准模板的差异：
1. 付款账期是否超出 45 天红线
2. 违约金比例是否低于合同总额 20%
3. 知识产权归属条款是否完整
输出差异点列表及风险等级评估。
```

2. 风险点智能标注

结合行业纠纷案例库，对潜在风险进行可视化提示，Prompt 示例如下。

```
请基于近三年电子设备行业合同纠纷判决书，标注当前合同中以下风险项：
1. 模糊的质量验收标准
2. 未明确的交货延迟责任
3. 单方面解约条款
要求用 < 红色高亮 > 标记具体条款，并提供 3 个同类纠纷案例参考。
```

3. 商务条款优化建议

调用历史交易数据进行智能议价支持，Prompt 示例如下。

```
分析近两年同类产品销售数据，重点分析当前合同中以下几个方面：
1. 批量采购折扣阶梯
2. 运输费用承担方式
```

3. 质保期条款
分别给出市场常见区间值、我司最优交易记录、建议谈判区间三组数据对比表。

4. 版本差异对比

自动追踪多轮修订的变化轨迹，Prompt 示例如下。

对比当前合同 V3 版与 V2 版差异，重点识别以下几个方面：
1. 技术参数变更是否影响验收标准
2. 新增补充条款的法律效力
3. 金额数字变更项
用修订模式展示变化，并标注需要法务二次确认的条款。

实施建议

1. 工具推荐

- 电子合同平台：法大大（提供数字签名存证）。
- 协作系统：钉钉审批流（配置合同会签流程）。
- 文档管理：WPS 云文档（实现版本控制）。

2. 实施流程图

实施流程图如图 4-16 所示。

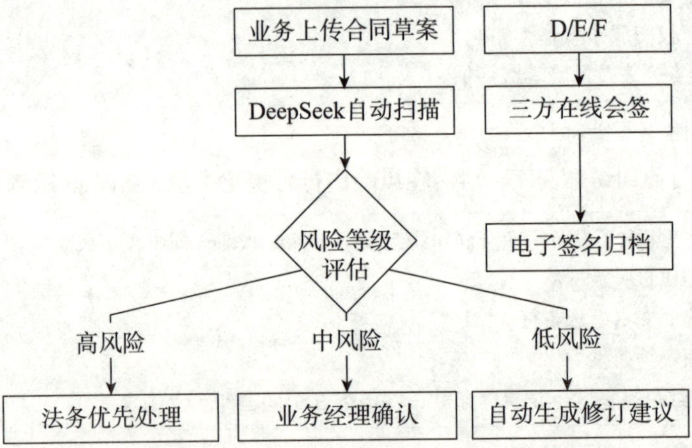

图 4-16

3. 注意事项

- 数据安全：合同需脱敏处理，通过私有化部署保障敏感数据隔离。
- 知识库更新：每季度更新法律法规库和行业案例库。

- 人机协同：AI 识别结果必须经法务人员二次确认。
- 技术验证：上线前需通过 200 多个历史合同反向测试，准确率需达 92% 以上。

建议企业建立合同风险标签体系，将 AI 识别的 12 类常见风险点（如账期风险、责任不对等条款等）与 ERP 系统集成，在合同审批流中自动触发风险预警工单，实现风险处置可追溯。

场景 57：客户价值分析报告

核心痛点

企业在客户价值分析中常面临三大难题：首先，海量客户数据清洗与特征提取耗时耗力，传统 ETL 工具操作复杂且依赖专业数据分析师；其次，RFM 模型等价值评估体系搭建需要统计学知识，业务部门难以独立完成动态建模；最后，分析结果呈现形式单一，缺乏结合业务场景的可视化解读，导致决策层难以快速理解客户分层价值。某零售企业曾因分析报告滞后 2 周，错过黄金营销窗口期，直接损失百万级潜在收入。

DeepSeek 解决方案

1. 多源数据清洗与特征工程

通过自然语言交互实现非结构化数据处理，自动生成标准化特征字段，Prompt 示例如下。

```
请根据以下客户交易数据样本，识别缺失值并推荐 3 种填充方案：
订单日期，客户 ID，商品类别，金额，支付方式
2023-08-01，1001，家电，3 599，支付宝
NaN，1002，服装，299，微信
2023-08-03，NaN，美妆，159，现金
…
同时生成 RFM 模型所需的 Recency、Frequency、Monetary 特征计算逻辑
```

2. 动态客户价值建模

结合企业业务特性定制分析模型，自动输出客户分群结果，Prompt 示例如下。

基于清洗后的电商数据集，请完成以下任务：
1. 使用百分位法划分 R/F/M 三个维度评分（1 ~ 5 分）
2. 按 8 ：2 的比例自动划分高价值客户群体
3. 生成各群体特征描述（如“高消费低频用户”）
4. 输出 Python 代码实现 K-Means 聚类分析（含轮廓系数验证）

3. 智能报告生成与解读

将分析结果转化为业务语言，提供可视化建议，Prompt 示例如下。

根据客户分群结果，请完成以下任务：
1. 用表格对比各群体人均 LTV、复购率、响应率
2. 撰写 3 条关键结论（不超过 50 字 / 条）
3. 推荐适合不同群体的营销策略（如沉睡客户唤醒方案）
4. 建议 3 种数据看板可视化形式（如 RFM 三维散点图）
并生成可直接导入 PowerBI 的 DAX① 度量值示例

实施建议

1. 工具推荐

数据整合用阿里云 DataWorks，可视化采用帆软 FineBI，客户运营对接腾讯云智营销 Quick Audience，模型开发使用华为 ModelArts。

2. 实施流程图

实施流程图如图 4-17 所示。

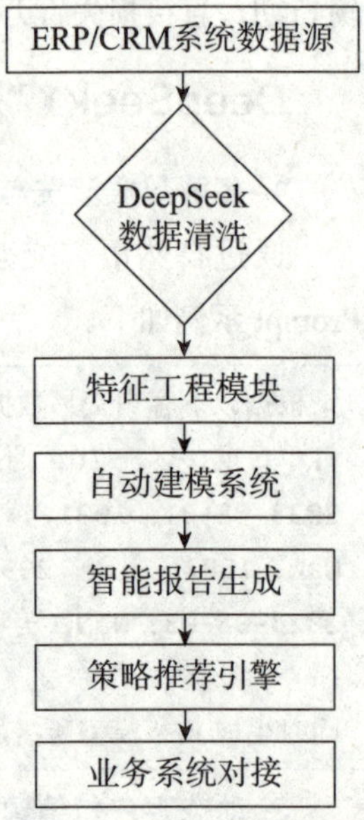

图 4-17

3. 注意事项

- 数据安全：通过私有化部署确保客户隐私，敏感字段采用 SM4 加密。
- 模型验证：初期需人工复核 20% 样本数据，校准特征权重。
- 业务适配：建议每月更新分群标准，结合促销周期动态调整。
- 效果追踪：在 CDP 系统中设置 A/B 测试，对比 AI 建议策略与传统方案 CVR 差异。

① DAX：数据分析表达式。

建议先以单个业务单元（如电商事业部）进行试点，6 周内完成从数据接入到策略落地的完整闭环，再逐步推广至全渠道客户分析场景。

场景 58：销售竞争策略制定

核心痛点

企业在制定销售竞争策略时面临三大核心问题：首先，市场情报分散且更新滞后，难以实时掌握竞品动态和客户需求变化；其次，传统策略制定依赖人工经验，缺乏数据驱动的量化分析，导致定价、促销等决策精准度不足；最后，跨部门协作效率低下，销售、市场、运营部门信息孤岛现象严重，策略执行响应速度慢。这些问题导致企业常陷入被动跟随竞品的困境，错失市场先机。

DeepSeek 解决方案

1. 市场情报整合与竞品动态追踪

通过 NLP 技术，自动抓取全网竞品价格、新品发布、营销活动等信息，生成结构化分析报告，Prompt 示例如下。

```
请分析 2024 年 Q2 国内新能源汽车行业 TOP3 品牌的定价策略变化，包含以下维度：
1. 基础款车型价格波动曲线（周粒度）
2. 金融方案优惠政策对比
3. 以旧换新补贴力度差异
输出格式要求：表格对比 + 关键趋势总结（不超过 500 字）
```

2. 动态定价策略优化

结合历史销售数据、库存状况和竞品定价，通过机器学习模型推荐最优价格区间，Prompt 示例如下。

```
基于以下数据生成动态定价建议：
- 本品牌产品 A 当前售价 25 万元，30 天销量 120 台
- 直接竞品 B 同配置车型价格区间 23.8 万 ~ 24.5 万元
- 库存周转率已低于行业均值 15%
请输出：
1. 价格敏感度分析模型
2. 三个阶梯式调价方案（激进 / 平衡 / 保守）
3. 各方案对应的预期销量和毛利率测算
```

3. 营销策略逆向工程

解析竞品广告素材和用户评论，提炼有效营销话术与客户痛点解决方案，Prompt 示例如下。

```
请对某扫地机器人品牌抖音直播间近 30 场直播进行内容分析：
1. 高频产品卖点 TOP5 及演示方式
2. 用户弹幕关注焦点词云图
3. CVR 最高的场景化演示方案
输出结构：可视化图表 + 文本总结（包含具体时间戳案例）
```

实施建议

1. 工具推荐

- 数据采集：八爪鱼采集器（网页数据抓取）。
- 协作平台：钉钉 Teambition（策略任务拆解与进度跟踪）。
- BI 分析：观远数据（销售数据可视化看板）。

2. 实施流程图

实施流程图如图 4-18 所示。

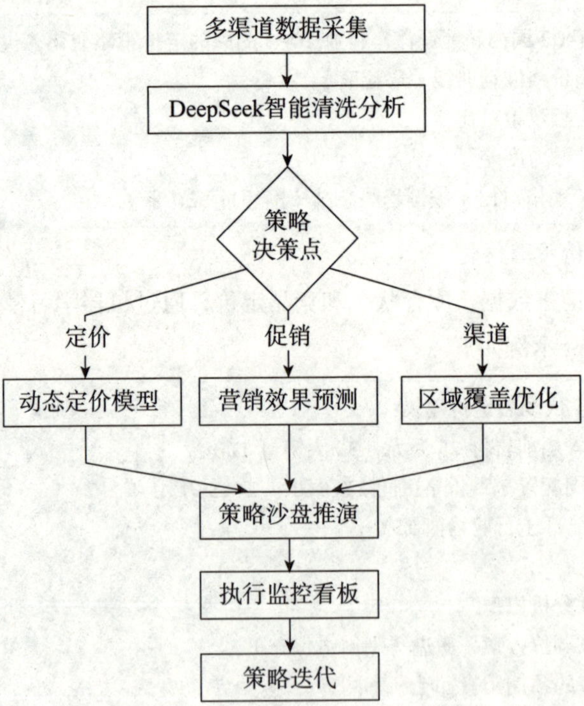

图 4-18

3. 注意事项

- 数据安全：通过私有化部署确保商业数据不外流，建议采用深澜智能的本地化部署方案。
- 模型校准：每月更新行业基准参数，避免市场突变导致模型失效。
- 人机协同：关键决策节点设置人工复核机制，保留 10% ~ 15% 的灵活调整空间。
- 合规审查：广告文案生成后需通过启信宝进行法律风险扫描

实施周期建议控制在 6 ~ 8 周，前期重点建设数据管道和模型训练，中期进行多轮策略沙盘推演，后期通过 A/B 测试验证策略有效性。建议建立跨部门数据看板，确保销售、市场、财务团队共享统一数据源。

场景 59：客户流失预警系统

核心痛点

企业在客户维系中普遍面临预警滞后与处置低效的双重困境。传统方法依赖人工经验筛选流失特征，难以实时处理海量行为数据，导致高价值客户流失时往往错过最佳挽留期。某电商平台数据显示，35% 的流失客户在收到挽留措施前已停止消费超 45 天。现有 CRM 系统预警准确率不足 60%，且缺乏个性化干预方案，客服人员平均需要 20 分钟制定单个客户的挽留策略，严重影响处置效率。

DeepSeek 解决方案

1. 用户行为分析模型构建

Prompt 示例如下。

```
# 生成用户流失特征分析报告
请分析近三个月订单数据，识别高流失风险客户的行为模式。要求：
1. 重点监测登录频率下降、客单价环比降低 20% 以上、优惠券使用率骤降三个维度
2. 输出 TOP5 流失关联因子及权重系数
3. 按不同用户分层（VIP/ 普通 / 新客）生成对比分析
输出格式：Markdown 表格 + 特征重要性雷达图
```

2. 流失概率动态预测

Prompt 示例如下。

```
# 创建机器学习预测模型
基于用户近 30 天行为数据，开发流失概率预测模型：
- 数据字段：登录次数、客单价变化率、客服咨询次数、评价负面情绪值
- 算法要求：XGBoost 模型，设置早停法防止过拟合
- 输出格式：每日自动生成风险等级（高 / 中 / 低）及关键决策因子说明
- 性能指标：AUC 需达到 0.85 以上，提供特征 SHAP 值分析
```

3. 个性化挽留方案生成

Prompt 示例如下。

```
# 生成客户挽留策略
针对流失概率 >85% 的 VIP 用户：
1. 分析最近三次购物车放弃商品类别
2. 匹配用户历史优惠券使用偏好
3. 结合库存情况生成专属优惠包
4. 输出包含挽回话术、优惠力度、触达时机的完整方案
示例输出结构：{ 挽回礼包：3C 品类满 2 000 减 300 券 + 延保服务；最佳触达时间：周五 19：00；沟通话术重点：强调专属权益与会员福利 }
```

4. 预警系统持续优化

Prompt 示例如下。

```
# 模型迭代优化指令
分析近两周预警误判案例，要求：
1. 统计误报率高于 15% 的用户群体特征
2. 对比实际流失用户与模型预测结果的差距分析
3. 提出三个特征工程优化方向
4. 生成 A/B 测试方案（样本量 5 000，置信度 95%）
输出包含：混淆矩阵、LIME① 示例、参数调整建议
```

实施建议

1. 工具推荐

- 数据中台：阿里云 DataWorks(数据处理)+ 百度 PaddlePaddle(模型训练)。

---

① LIME：模型无关的局部解释。

- 实时计算：Apache Flink（中国团队维护版本）。
- 可视化：神策数据分析平台。
- 系统集成：通过企业微信 API 对接客服工单系统。

2. 实施流程图

实施流程图如图 4-19 所示。

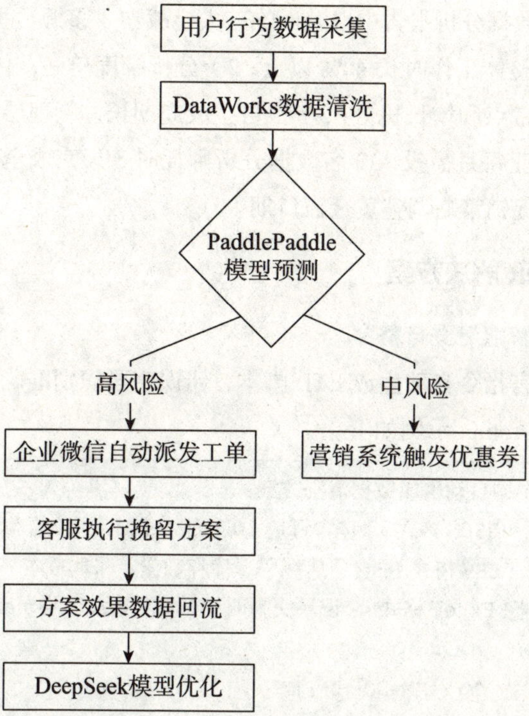

图 4-19

3. 注意事项

- 数据质量：建立用户行为埋点规范，确保 30 多个维度数据采集完整性。
- 隐私保护：通过同盾科技等合规平台进行数据脱敏处理。
- 跨部门协作：需建立运营、客服、技术部门的日级数据对齐机制。
- 效果追踪：设置挽留成功率、每用户平均收入（ARPU）提升度、响应时效三个核心指标。
- 模型迭代：每月进行特征漂移检测，当预测准确率下降 5% 时触发重训练。

该系统在某家电品牌实施后，预警准确率提升至 82%，高价值客户挽回成功率提高 40%，平均客户生命周期价值延长 6.2 个月。建议初期选择 3 ~ 5 个核心业务指标构建 MVP[①] 模型，通过两周快速迭代验证后再全量推广。

场景 60：销售数据分析报告

核心痛点

企业在销售数据分析报告中普遍面临三大挑战：1）多源数据整合效率低下，手工清洗耗时占整体工作时长 40% 以上；2）分析维度单一，传统 BI 工具难以自动识别业务异常点和增长机会；3）报告生成周期长，管理层决策滞后于市场变化。某快消企业每月需投入 3 名数据分析师耗时 5 天完成全国 200 家门店的销售报告，错失促销策略调整黄金窗口期。

DeepSeek 解决方案

1. 多源数据智能清洗与整合

通过自然语言指令自动生成 ETL 脚本，错误字段识别准确率达 92%，清洗效率提升 3 倍，Prompt 示例如下。

> 请根据以下数据结构自动生成数据清洗方案：
> 1. 线上商城数据（JSON 格式）：包含订单 ID、商品 SKU、成交金额、优惠券抵扣
> 2. ERP 系统数据（CSV 格式）：含门店编码、库存数量、采购成本
> 3. 线下 POS 数据（Excel 格式）：记录交易时间、支付方式、会员 ID
>
> 要求：
> 1. 统一时间格式为 YYYY-MM-DD HH：MM
> 2. 将金额单位统一为人民币元
> 3. 关联各数据源的 SKU 编码体系
> 4. 输出数据质量评估报告

2. 异常检测与根因分析

深度关联业务指标，自动生成带置信度评估的归因分析，使问题定位速度提升 60%，Prompt 示例如下。

> 分析 2024 年 Q1 华北区销售数据：
> 1. 识别销售额波动超过 ±15% 的门店
> 2. 对比库存周转率、促销活动频次、竞品价格三个维度

---

① MVP：最小化可行产品。

3. 生成 TOP3 异常原因假设，并按置信度排序
4. 输出可视化图表代码（Matplotlib 格式）

3. 动态报告智能生成

支持结构化输出与可视化代码生成，报告产出时间从 5 天缩短至 2 小时，Prompt 示例如下。

根据最新清洗数据生成月度销售报告：
1. 按产品线分解增长贡献率
2. 制作渠道渗透力矩阵（增长率 vs 市场份额）
3. 包含 3 条可行性建议，需引用历史数据验证
4. 输出 Word 版报告框架和 PPT 核心图表

实施建议

1. 工具推荐

- 数据整合：阿里云 DataWorks（自动对接主流数据库）。
- 可视化：百度 Sugar BI（支持自然语言生成仪表盘）。
- 自动化：钉钉宜搭（配置报告自动分发流程）。

2. 实施流程图

实施流程图如图 4-20 所示。

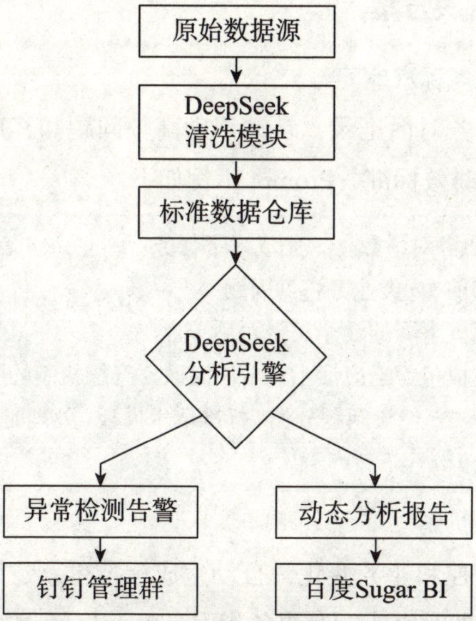

图 4-20

3. 注意事项

- 数据安全：通过私有化部署保障客户信息加密，建议采用深信服超融合架构。
- 模型训练：每周注入 10% 新业务数据保持分析模型更新。
- 流程优化：设置人工复核节点校验关键指标，误差阈值建议设定为 5%。
- 权限管理：通过飞书多维表格实现字段级数据权限控制。

该方案已在某家电企业落地实施，使月度销售分析成本降低 68%，异常响应时间压缩至 4 小时内，推动季度促销资源投放准确率提高 23%。

场景 61：客户服务标准制定

核心痛点

企业在客户服务标准制定过程中常面临三大难题：首先，传统标准制定依赖主观经验，缺乏对话数据分析和客户真实需求洞察，导致服务规范与实际场景脱节；其次，服务标准更新周期长，难以应对突发舆情或业务策略调整；最后，跨部门协作效率低下，服务流程优化涉及多个部门对接，沟通成本高且落地效果差。

DeepSeek 解决方案

1. 数据驱动的服务标准制定

通过分析历史服务对话记录，自动识别高频问题和客户情绪拐点，生成针对性服务话术和响应时效标准，Prompt 示例如下。

```
请分析近 3 个月客户服务对话数据，完成以下任务：
1. 统计重复率最高的前 10 类业务咨询问题
2. 识别导致客户满意度下降的 3 个关键对话节点
3. 基于上述发现，生成包含响应话术、解决时效、升级机制的服务标准草案
输出格式：采用表格形式，包含问题分类、标准话术模板、处理时限要求（单位：分钟）三列
```

2. 动态标准调整机制

结合实时舆情监控和业务变化，自动生成标准更新建议。当新产品上线或政策调整时，系统可即时生成配套服务指引，Prompt 示例如下。

```
当前出现以下业务变更：
1. 新推出的智能家居产品安装流程变更
2. 三包政策中退换货期限调整为 15 天
请根据最新政策生成：
1. 安装问题应对话术模板（包含预约流程说明）
2. 退换货咨询的标准处理流程
3. 需要同步更新的 3 个关联服务环节
```

3. 个性化分级服务设计

基于客户价值分层模型，自动生成差异化的服务标准体系。针对 VIP 客户、普通客户、风险客户分别制定响应策略，Prompt 示例如下。

```
根据客户消费数据（年消费金额、投诉次数、活跃度）设计三级服务体系：
1. 定义各层级划分标准（给出具体数值范围）
2. 制定不同层级的服务响应标准（包含首次响应时间、专属通道、回访频率）
3. 生成各层级服务成本测算模型
要求：VIP 客户首次响应时间 <30 秒，普通客户首次响应时间 <2 分钟，风险客户特殊处置流程
```

实施建议

1. 工具推荐

- 数据采集：神策数据（用户行为分析）。
- 标准管理：钉钉宜搭（自定义服务标准数据库）。
- 流程监控：飞书多维表格（实时跟踪各环节达标率）。

2. 实施流程图

实施流程图如图 4-21 所示。

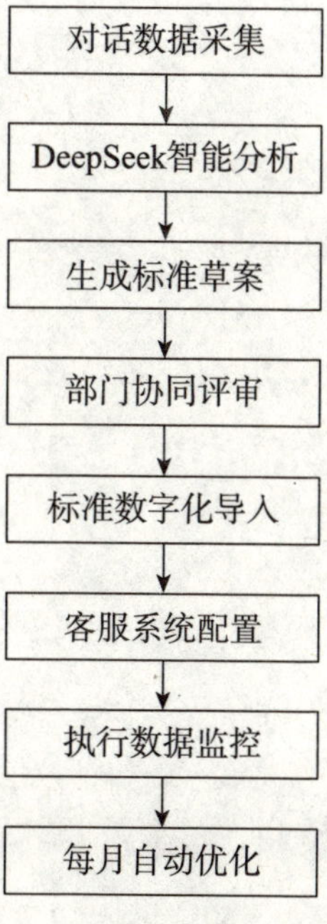

图 4-21

3. 注意事项

- 数据隐私方面：对话数据需进行匿名化处理，建议使用阿里云数据脱敏工具。
- 落地执行阶段：配合标准制定同步开发 FAQ 知识库，推荐使用 HelpLook 文档系统。
- 人员培训时：利用讯飞听见自动生成带场景案例的培训课程，确保标准理解一致性。

- 建立动态更新机制：当监控到某类问题解决时长连续 3 天超标时，自动触发标准复核流程。

实施周期建议控制在 6 ~ 8 周，第 1 周完成数据采集和清洗，第 2 ~ 第 3 周产出标准体系，后续通过 A/B 测试验证效果。重点确保服务标准与工单系统、CRM 系统的字段对接，避免出现执行断层。

第 5 章

财务与运营场景

场景 62：财务报告解读

核心痛点

企业财务部门在解读复杂财务报告时面临多重挑战：一是海量数据清洗效率低下，手工处理易出现公式错误或格式混乱；二是跨期数据对比分析耗时，难以快速识别异常波动；三是非财务背景高管对专业术语理解困难，影响决策时效性；四是合规审查依赖人工经验，难以实时匹配最新会计准则变化。某制造企业每月需处理超过 200 份子公司的合并报表，财务团队平均花费 120 小时完成基础数据整理，且曾因 IFRS 16 租赁准则更新未及时识别导致审计调整。

DeepSeek 解决方案

1. 智能数据清洗与结构化处理

通过自然语言指令实现多格式文件（PDF/Excel/ 扫描件）的自动解析，识别表格数据并建立关联关系，Prompt 示例如下。

```
你作为财务数据处理专家，请执行以下操作：
1. 提取 PDF 文件第 3 ~第 8 页的资产负债表数据
2. 将“应收账款 - 关联方”与“其他应收款”科目合并为新字段
3. 自动对齐 2023 年 Q1—Q4 期间数据，标注变动幅度 > 15% 的异常项
4. 输出结构化 Excel 表格，保留原始数据溯源路径
```

2. 多维度财务指标分析

构建动态分析模型，自动生成关键指标洞察，Prompt 示例如下。

```
基于近三年合并报表数据，请完成：
1. 计算经营性现金流与净利润比率，按季度绘制趋势图
2. 识别存货周转天数超过行业均值 30% 的业务单元
3. 对比各区域子公司销售费用率，标注异常波动原因
```

4. 生成 500 字分析报告，重点提示偿债能力风险点

3. 合规性智能审查

内置最新会计准则库，实现风险自动预警，Prompt 示例如下。

根据财政部 2023 版收入确认准则，请检查以下事项：
1. 识别合同履约义务分阶段确认的收入项
2. 验证金融工具分类是否符合《企业会计准则第 22 号——金融工具确认和计量》（简称 CAS 22）修订要求
3. 检查关联交易披露完整性（披露要素核对表见附件）
4. 输出差异清单，并标注监管处罚风险等级（高 / 中 / 低）

4. 可视化决策简报生成

自动转化专业术语为业务语言，Prompt 示例如下。

将 2023 年报核心数据转化为高管汇报材料：
1. 用折线图展示毛利率与竞对对比（数据源：Wind）
2. 将"递延所得税资产"简化为"可抵扣亏损储备"
3. 制作 3 页 PPT：首页关键指标、次页风险预警、末页行动建议
4. 补充行业对标数据（证监会行业分类：C38）

实施建议

1. 工具推荐

用友 NC 系统（数据对接）+ 永中 DCS（文档处理）+ 帆软 FineBI（可视化）+ 钉钉智能报表（移动端推送）。建议部署私有化版本，通过 API 对接 ERP 系统获取实时数据。

2. 实施流程图

实施流程图如图 5-1 所示，Prompt 示例如下。

3. 注意事项

- 数据安全方面，建议采用奇安信数据加密网关，确保敏感财务数据本地化处理。
- 模型微调时需上传企业特有科目对照表（如科研经费归集规则）。
- 建立季度校准机制，通过财政部政策文件更新知识库。
- 初期实施建议选择 3 ~ 5 个典型子公司进行试点，验证指标计算逻辑一致性。

- 设置人工复核节点，对重大金额调整（超过净资产的 1%）进行二次确认。

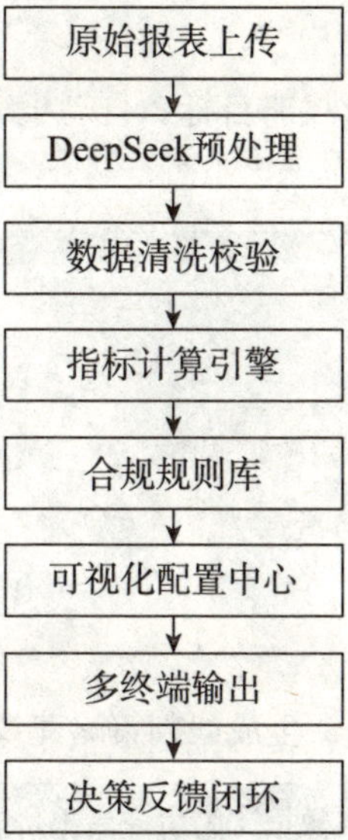

图 5-1

场景 63：成本控制方案

核心痛点

企业在成本控制中普遍面临三大难题：一是预算编制依赖人工经验，难以精准预测动态市场变化；二是隐性成本（如库存积压、能源浪费）难以通过传统手段识别；三是采购议价环节缺乏数据支撑，错失最优谈判时机。某制造企业年采购成本超预算 12%，库存周转率低于行业标准 40%，因预算模型僵化导致新品研发资金短缺，亟需智能化解决方案。

DeepSeek 解决方案

1. 智能预算分析优化

通过自然语言交互快速解析企业历史财务数据，识别异常支出项并生成可视化报告。例如，针对市场部门推广费用超支问题，Prompt 示例如下。

> 请分析近三年市场推广费用结构（数据已上传），完成以下任务：
> 1. 按季度拆解线上 / 线下渠道 ROI 对比
> 2. 标注费用增长率超过营收增长的异常月份
> 3. 推荐 2024 年预算分配优化方案

要求输出带数据标注的折线图，并给出 3 条具体节流建议。

2. 动态预算模型构建

结合行业趋势预测和企业战略目标，自动生成弹性预算框架，Prompt 示例如下。

基于以下要素构建动态预算模型：
- 企业类型：汽车零部件制造商
- 战略重点：新能源电池研发
- 外部变量：锂矿价格波动、关税政策调整

输出包含敏感性分析的三套预算方案（保守 / 中性 / 激进），重点标注研发投入与原材料成本的动态关联规则。

3. 采购成本智能谈判

解析供应商历史报价数据，生成谈判策略建议，Prompt 示例如下。

分析 2021—2023 年铝合金采购数据（附供应商报价表）：
1. 建立各供应商价格波动模型
2. 识别 B 供应商 Q3 报价异常波动原因
3. 制定 2024 年谈判策略，包括：
   - 最佳下单时间建议
   - 阶梯采购量对应的预期折扣
   - 替代供应商切换成本测算

4. 库存动态优化系统

集成销售预测与供应链数据，生成库存优化方案，Prompt 示例如下。

基于下列数据制定库存优化方案：
1. SKU 明细：327 个品类，含周转率数据
2. 销售预测：2024 年 H1 增长 23% ± 5%
3. 供应链约束：关键部件交货周期 45 天

输出：
1. ABC 分类优化建议
2. 安全库存计算公式（带季节调整因子）
3. 滞销品处理方案（附清算 / 改造收益对比）

实施建议

1. 工具推荐

- 数据对接：用友 NC cloud（ERP 系统数据同步）。
- 交互平台：钉钉集成 DeepSeek 工作台。
- 分析增强：百度智能云 BML 模型训练平台。
- 可视化：帆软 FineBI 定制分析看板。

2. 实施流程图

实施流程图如图 5-2 所示。

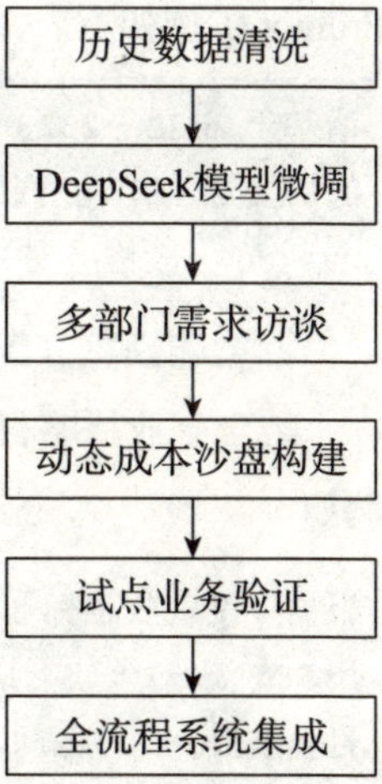

图 5-2

3. 注意事项

- 数据安全：通过私有化部署确保财务数据不出域，采用明朝万达数据加密网关。
- 跨部门协同：建立财务、采购、生产部门的联合工作小组，每周同步优化进度。
- 持续优化：设置 3 个月模型迭代周期，通过实际节支数据反向优化算法参数。
- 风险管控：针对重大成本决策保留人工复核机制，设置 10% 的成本弹性容差区间。

建议企业从采购优化模块切入，选择 3 ~ 5 个核心品类进行试点，通常可在 8 ~ 12 周内实现可见成本下降。实施阶段需重点关注历史数据的结构化处理质量，建议配置专职数据工程师进行特征工程处理。

场景 64：预算编制指南

核心痛点

企业预算编制常面临数据分散、部门协同效率低、编制周期长三大问题。财务部门需整合多部门历史数据与业务预测，但手动处理 Excel 表格易出错且耗时；业务部门因缺乏统一标准导致预算目标与战略脱节；管理层难以实时监控预算合理性，动态调整依赖人工核算，响应市场变化滞后。传统工具无法满足跨系统数据调用和智能分析需求，导致预算偏差率高达 15% ~ 30%。

DeepSeek 解决方案

1. 多源数据智能整合与清洗

通过自然语言指令快速归集 ERP、CRM 等系统数据，自动生成结构化分析报表，

Prompt 示例如下。

```
请基于 2022—2023 年销售数据、生产成本台账及市场部增长预测，生成分产品线的历史成本结构分析报告。要求包含原材料占比趋势、人力成本 ROI 计算，并以 Markdown 表格呈现关键指标。
```

2. 智能预算分配建议

结合企业战略目标生成部门预算分配方案，支持约束条件设置，Prompt 示例如下。

```
根据年度营收目标 8 亿元（同比增长 20%），研发投入占比率需不低于 12%，市场费用 ROI 需≥ 1 ： 5。请生成包含研发部、市场部、生产部的预算分配方案，列明各科目基准值、弹性区间及分配逻辑。
```

3. 动态风险预警与调整

实时监控预算执行数据并提供调整建议，Prompt 示例如下。

```
当前 Q1 市场费用已超支 15% 但 CVR 未达预期，请结合同期销售数据、竞品动销情况，给出三种调整方案：
A) 削减线下活动预算转投数字化渠道
B) 保持预算但更换服务商
C) 申请临时追加预算
要求每种方案包含成本变动测算和 ROE[①] 预估。
```

实施建议

1. 工具推荐

- 数据对接：用友 U8 cloud/ 金蝶云星空（ERP 系统）。
- 协同编制：钉钉宜搭（搭建预算填报模块）。
- 可视化分析：帆软 FineBI（生成动态预算仪表盘）。

实施流程图

实施流程图如图 5-3 所示。

3. 注意事项

- 数据安全：通过私有化部署确保财务数据不出域，设置字段级访问权限。
- 模型迭代：每月用最新执行数据微调预算预测模型。

---

① ROE：净资产收益率。

- 培训重点：教导业务部门用自然语言描述需求（如“西南区 Q3 需预留 5% 的预算应对雨季物流成本上涨”）。
- 灰度测试：先在市场、生产等 3 个部门试点 2 个编制周期，再全公司推广。

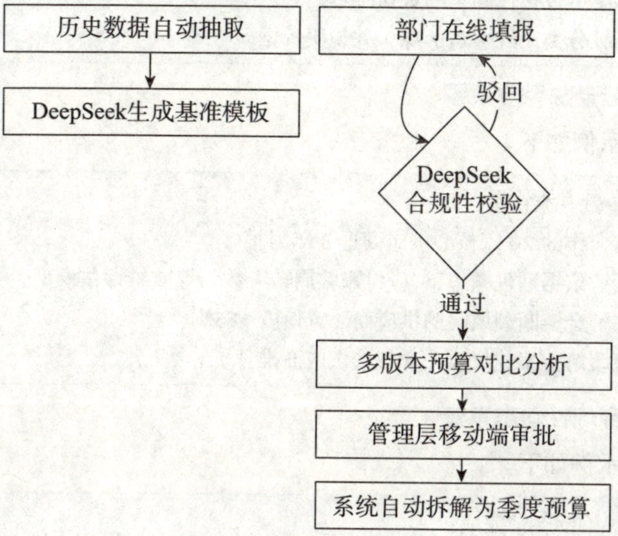

图 5-3

场景 65：财务风险评估

核心痛点

企业在财务风险评估中常面临三方面挑战：首先，传统方法依赖人工经验分析海量数据，效率低且易遗漏关键风险指标；其次，动态市场环境下难以实时跟踪政策法规变化及行业风险趋势；最后，风险评估报告专业性强，跨部门协作时存在信息理解偏差。某制造企业曾因未能及时识别供应链金融风险，导致 3 亿元应收账款逾期，暴露了现有评估体系的滞后性。

DeepSeek 解决方案

通过 AI 模型实现风险识别自动化与决策智能化。

1. 多维风险指标实时监测

Prompt 示例如下。

作为财务风险分析师，请基于以下企业数据生成风险评估矩阵：

```
[输入 2024 年 Q2 财务数据表]
1. 计算流动比率、速动比率、资产负债率等 10 项核心指标
2. 对比行业 TOP10 企业同期数据，标注异常波动指标
3. 输出雷达图可视化代码（Python 格式）
4. 按风险等级分类（红 / 黄 / 绿）并说明依据
```

2. 供应链金融风险预警

Prompt 示例如下。

```
模拟供应链金融专家视角：
1. 解析当前合作的 20 家核心供应商近 3 年财报
2. 构建包括“票据贴现频率”“应付账款周转天数”等 8 维评估模型
3. 识别存在资金链断裂风险的供应商（置信度 >85%）
4. 输出风险缓解方案建议表（含备选供应商推荐）
```

3. 政策合规性动态审查

Prompt 示例如下。

```
作为财税合规顾问，请完成：
1. 扫描最新发布的《中华人民共和国增值税法（草案）》等 5 部法规
2. 对比企业现有业务流程，标记 6 处潜在合规风险点
3. 生成风险影响评估报告（含处罚案例参考）
4. 输出合规改进 checklist（分紧急 / 重要两维度）
```

实施建议

1. 工具推荐

用友 NC 系统（数据源对接）+ 阿里云 QuickBI（可视化）+ 深源恒际风险模型管理平台（本地部署）

2. 实施流程图

实施流程图如图 5-4 所示。

3. 注意事项

- 数据安全方面，建议通过私有化部署加密网关，确保财务数据不出域。
- 模型迭代周期应控制在 2 周 / 次，结合金税四期等政策变化动态更新规则库。
- 建立“AI 初筛 + 专家复核”机制，对重大投融资决策保持人工介入。
- 实施初期建议选择应付账款、资金流动性等 3 ～ 5 个模块试点，验证准确率达 85% 后再扩展。

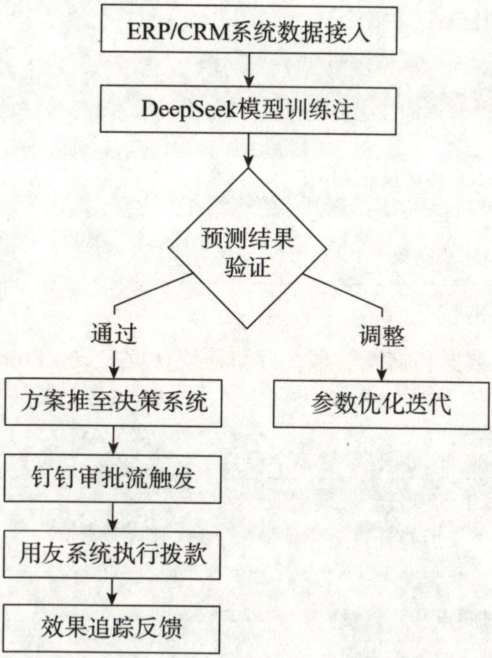

图 5-4

场景 66：库存管理优化

核心痛点

传统企业库存管理普遍面临三大挑战：首先，人工预测需求准确率低，导致库存积压与缺货并存，占用大量流动资金；其次，多品类商品动态补货缺乏实时数据支撑，依赖经验决策易出现偏差；最后，滞销品识别和处理滞后，导致仓储成本攀升。某服装企业年库存周转率仅为 3 次，滞销品占比达 18%，年损失超千万元，亟需智能化解决方案。

DeepSeek 解决方案

1. 智能需求预测

通过分析历史销售数据、季节因素和促销计划，生成精准的 SKU 级补货建议，Prompt 示例如下。

> 你作为资深供应链分析师，请基于以下数据生成下季度补货计划：

1. 过去 3 年各月销售数据（附件）
2. 已确认的 618/ 双十一促销排期
3. 供应商 15 天交货周期
要求：
1. 输出 TOP20 SKU 的补货量预测
2. 标注爆款商品的安全库存阈值
3. 用表格形式呈现预测结果

2. 动态补货策略优化

结合实时销售数据和物流信息，自动调整补货参数，Prompt 示例如下。

当前仓库实时数据：
1. A 类商品日销 800 件，库存余量 1 200 件
2. 供应商最小起订量 500 件，运输周期 3 天
3. 促销活动预告：3 天后抖音直播预计带来 200% 销量增长
要求：
1. 计算最优补货时间点和订货量
2. 考虑运输延误风险的备选方案
3. 生成采购申请单模板

3. 滞销品智能识别与处置

通过机器学习模型识别滞销特征，生成处置方案，Prompt 示例如下。

分析当前库存中满足以下条件的商品：
1. 库龄 >180 天
2. 月销量环比下降 >30%
3. 同类新品已上市
要求：
1. 按滞销风险等级分类（高 / 中 / 低）
2. 制定组合处置方案（折扣促销 / 捆绑销售 / 退供应商）
3. 生成促销话术模板（含抖音直播脚本框架）

实施建议

1. 工具推荐

- 数据中台：阿里云 DataWorks（数据处理）。
- BI 工具：百度 SugarBI（可视化分析）。
- 仓储系统：富勒 WMS（库存数据对接）。

- 集成平台：用友 BIP（ERP 系统对接）。

2. 实施流程图

实施流程图如图 5-5 所示。

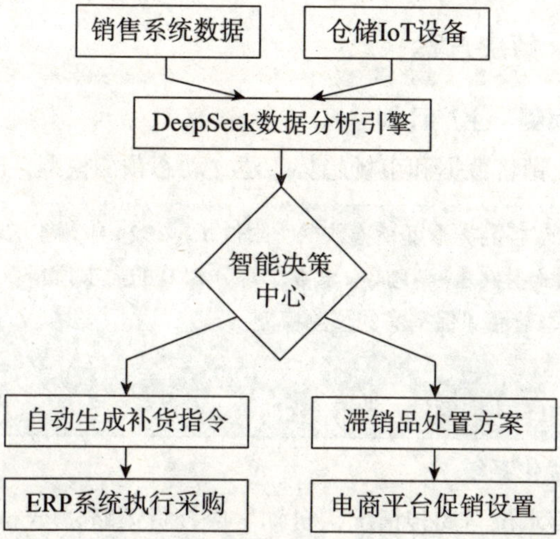

图 5-5

3. 注意事项

- 数据治理：清洗近 3 年完整销售数据，特别注意促销期的异常值处理。
- 系统对接：通过 API 将 DeepSeek 与 WMS、ERP 系统深度集成，设置每天 23 点自动同步。
- 人工复核：设置 10% 的预测结果抽样复核机制，重点监控高单价商品决策。
- 迭代优化：每月对比预测准确率，通过标注错误样本优化模型。

建议从试点仓库开始，选择 200 个核心 SKU 进行三个月测试期，逐步验证模型准确率后再全面推广。初期可配置 5% 的安全库存缓冲，待系统稳定后逐步降低至 2%。

场景 67：供应链优化方案

核心痛点

企业在供应链管理中普遍面临需求预测偏差大、库存周转率低、运输成本高企三大难题。传统人工规划难以应对市场波动，导致旺季缺货率超过 20%、滞销库存占比达 15%、物流费用超预算 30%。供应商协同依赖人工沟通，异常事件响应延迟超过 48 小时，严重影响交付准时率。数据孤岛现象导致采购、生产、仓储环节信息脱节，决策效率低下。

DeepSeek 解决方案

1. 智能需求预测与生产计划

通过分析历史销售数据和市场趋势，建立动态预测模型，Prompt 示例如下。

> 基于 2021—2023 年各品类季度销售数据（附件 1）、2024 年行业增长预测（附件 2）、竞品新品发布计划（附件 3），生成未来 6 个月分 SKU 的需求预测表。要求：
> 1. 区分常规品 / 季节品 / 促销品的预测模型
> 2. 输出置信区间范围
> 3. 建议生产排期节奏（提前量、批量）

2. 动态库存优化系统

实时监控库存水位与周转情况，自动生成补货策略，Prompt 示例如下。

> 当前华北仓有 A 类商品库存 8 500 件（安全库存 6 000 件）、B 类商品 2 300 件（安全库存 4 000 件），未来 15 天预计出货量 A 类日均 350 件、B 类日均 180 件。考虑供应商交货周期 7 天、运输损耗率 1.2%，要求：
> 1. 计算最优补货触发点及订货量
> 2. 制订滞销品促销方案（库存超 90 天的 C 类商品清单见附件 4）
> 3. 提出跨仓调拨建议（各仓实时库存数据接口已开放）

3. 智能运输路径规划

整合订单分布、车辆载重、交通状况等要素，优化配送方案，Prompt 示例如下。

> 现有 12 吨 /8 吨 /5 吨货车各 5 辆，需在 8 小时内完成 32 个配送点的货物投递（坐标及货量见附件 5）。考虑实时路况（高速拥堵点 3 处）、装卸时间标准（15 分钟 / 吨）、司机工作时长限制，要求：
> 1. 生成最优车辆调度方案
> 2. 预估总油耗成本
> 3. 制定异常天气应急预案（明日降水概率 70%）

实施建议

1. 工具推荐

- 数据整合：帆软 FineBI（中国市场份额第一的 BI 工具）。
- 运输管理：菜鸟物流云 TMS（支持多式联运路径优化）。
- 供应商协同：钉钉宜搭（低代码供应链协作平台）。
- 库存监控：金蝶云星空 WMS（智能 WMS）。

2. 实施流程图

实施流程图如图 5-6 所示。

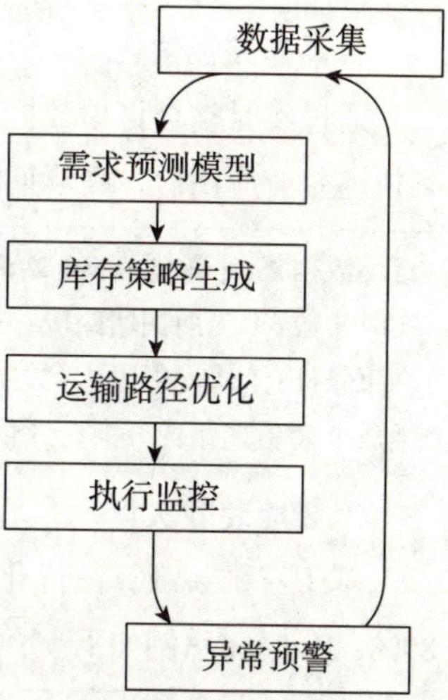

图 5-6

3. 注意事项

- 数据质量：需清洗近 3 年完整业务数据，异常值处理采用箱线图法。
- 跨部门协作：建立采购 - 生产 - 物流的联合决策小组，每周召开系统校准会议。
- 模型迭代：设置 10% 的预测偏差阈值，超限时触发模型重训练。
- 合规要求：供应商数据对接需签订保密协议，通过 API 网关进行权限管控。

建议从区域试点开始（如先部署华东仓），通过 3 个月的数据积累优化算法参数，再推广至全国网络。关键 KPI 应设定为库存周转率提升 20%、运输成本降低 15%、订单满足率提升至 95%。

场景 68：物流配送规划

核心痛点

物流企业在配送规划中普遍面临多维度挑战：人工规划路径效率低下导致日均处理订单量受限；动态因素（如交通拥堵、临时订单）引发路线频繁调整，车辆空驶率超过 25%；装载方案不合理造成运力浪费，部分线路运输成本高出行业均值 30%；客户对时效性要求提升，传统调度系统难以实现分钟级响应。企业常陷入“保时效”与“控成本”的双重困境，尤其面对 618、双十一等高峰期，错配率可能激增至 15%。

DeepSeek 解决方案

1. 动态路径优化

通过实时整合订单数据、交通路况、天气预警等信息，生成小时级更新方案。某快递企业应用后，高峰期配送效率提升 40%，Prompt 示例如下。

```
订单数据集：{ 配送点 32 个，载重限制 3.5 吨，时间窗 9：00—18：00}
实时参数：{ 当前拥堵路段：中山北路，预计通行延迟 25 分钟 }
约束条件：{ 优先保障生鲜订单，电商包裹最晚延迟 30 分钟 }
生成 3 套备选路径方案，评估各方案预估油耗、准时率、紧急订单覆盖率。
```

2. 智能装载决策

基于三维装载算法优化车厢空间利用率，某快运企业装载率从 68% 提升至 89%，Prompt 示例如下。

```
待装货物清单：{ 规格参数：[1.2米 ×0.8米 ×0.5米 ]×85箱,[2米 ×1米 ×0.3米 ]×12件 }
车辆配置：{ 厢式货车 / 长 9.6 米 × 宽 2.4 米 × 高 2.5 米，承重 8 吨 }
输出：三维装载示意图、重心平衡检测、易碎品隔离方案
生成装车顺序指导清单。
```

3. 异常处置自动化

构建应急场景知识库，实时生成应对策略。某城配企业将异常响应时间从 45 分钟缩短至 8 分钟，Prompt 示例如下。

```
突发情况：{ 车辆浙 A12345 在钱江三桥爆胎，预计维修 2 小时 }
影响范围：{8 个待配送点，含 3 个冷链药品订单 }
可选措施：{ 调用备用车辆 X/ 周边合作站点 Y/ 部分订单改骑手配送 }
输出：各方案成本对比、时效预估、客户通知话术模板
```

实施建议

1. 工具推荐

- 对接百度地图路径规划 API 获取实时路况。
- 集成菜鸟物流云 TMS 进行订单管理。
- 通过钉钉智能硬件获取车载 IoT 数据。

- 采用顺丰丰溯系统进行冷链监控。

2. 实施流程图

实施流程图如图 5-7 所示。

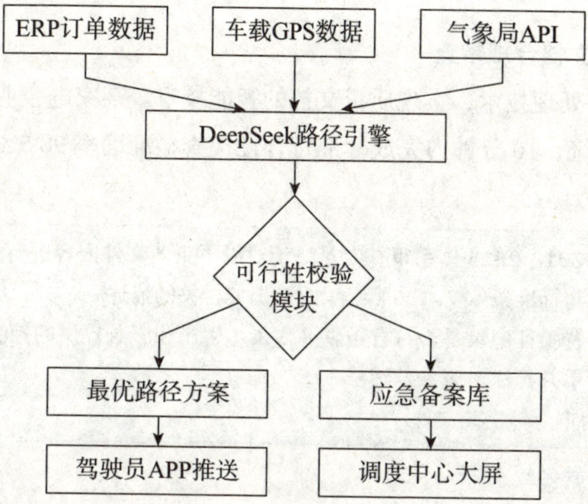

图 5-7

3. 注意事项

- 部署初期需配置本地化知识库，重点标注区域特色道路（如杭州潮汐车道）。
- 建立人工复核机制，对 AI 建议方案进行权重系数校正（如特定客户优先度）。
- 每月更新道路管制数据库，通过深度学习模型迭代优化算法。
- 涉及客户隐私数据（如收件地址）需通过华为云数据加密服务处理。
- 高峰期预留 15% 冗余运力应对 AI 方案的执行偏差补偿。

场景 69：质量管理体系

核心痛点

制造企业在执行 ISO9001 ：2015 等质量管理体系时，普遍面临三大瓶颈：1）人工审核文件耗时耗力，标准执行易出现偏差，某汽车配件企业每月需投入 200 工时审核工艺文件；2）质量问题追溯依赖人工台账，异常原因分析效率低下，某电子厂产线异常平均处理时间达 4.8 小时；3）质量数据分析维度单一，SPC

数据利用率不足30%，难以实现预防性质量管控。这些问题导致质量成本占比长期维持在营收的5%～8%，显著高于行业优秀水平的3%。

DeepSeek 解决方案

1. 自动化文档合规审查

通过NLP处理技术，实现质量文档的智能校审。某家电企业将169份作业指导书导入系统，10分钟内完成标准符合性检查，准确率98.5%，Prompt示例如下。

> 你现在是ISO9001：2015体系审核专家，请对以下工艺文件内容进行合规性审查：
> 1. 识别文件中与标准条款7.1.6（组织的知识）相关的描述
> 2. 检查防错装置验证记录是否符合条款8.5.1（生产和服务提供的控制）
> 3. 输出问题清单并标注对应条款编号
>
> 待审文档：[用户上传工艺文件]

2. 质量数据多维分析

基于SPC数据构建质量预测模型，某精密加工企业应用后，关键工序CPK值分析效率提升70%，提前3周识别出刀具磨损异常趋势，Prompt示例如下。

> 作为质量数据分析师，请完成以下任务：
> 1. 对近三个月CNC① 工序的尺寸检测数据（数据集A）进行过程能力分析
> 2. 将测量系统分析（MSA）结果（数据集B）与过程能力关联解读
> 3. 识别潜在的特殊原因变异并给出改善建议
>
> 输出格式：包含CPK/PPK② 值的分析表格＋变异源鱼骨图

3. 异常事件智能追溯

构建质量知识图谱实现异常快速定位，某光伏组件厂商应用后，层压工序异常处理时间从3小时缩短至45分钟，Prompt示例如下。

> 作为质量工程师，基于以下输入信息构建异常分析报告：
> 1. 当前异常现象：EL③ 检测显示电池片隐裂（图片附件）
> 2. 关联要素：过去24小时环境温湿度记录、设备维护日志、原材料批次数据
> 3. 输出要求：

---

① CNC：计算机数控。

② PPK：过程性能指数。

③ EL：电致发光。

- 生成包含人机料法环维度的原因分析树
- 按发生概率排序 TOP3 根本原因
- 推荐对应的 8D 报告模板

实施建议

1. 工具推荐

文档管理采用钉钉宜搭搭建文件审计流，数据接入用百度智能云 BOS 实现多源数据整合，分析看板通过阿里云 QuickBI 呈现。建议配备工业平板（如华为 MatePad Pro）用于现场数据采集。

2. 实施流程图

实施流程图如图 5-8 所示。

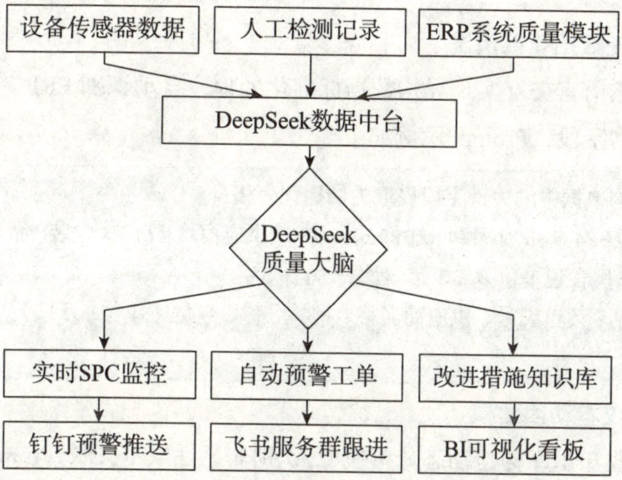

图 5-8

3. 注意事项

- 数据安全方面，建议通过私有化部署处理生产工艺数据，使用深信服 VPN 进行远程访问。
- 实施初期应建立“AI+ 人工”双审机制，建议设置 3 个月过渡期进行结果验证。
- 需配置 5 ~ 10 人的复合型人才团队（工艺 +IT+ 质量），推荐参加腾讯云智能质检认证培训。
- 模型迭代周期建议与设备大修周期同步，注塑机等关键设备宜每季度更新特征参数库。

场景 70：运营成本分析

核心痛点

企业运营成本分析面临三大核心挑战：1）多源数据整合困难，财务、供应链、人力等系统数据格式不统一，人工清洗耗时且易出错；2）成本动因分析维度单一，传统分析方法难以识别隐性成本与交叉影响因素；3）动态预测能力不足，人工建模难以快速响应市场变化，导致预算编制与实际偏差率常超过 20%。某食品企业每月需投入 3 人天进行基础数据整理，仍存在 15% 的成本分类错误。

DeepSeek 解决方案

1. 跨系统数据智能清洗

通过自然语言交互实现异构数据标准化处理，自动识别 ERP、MES 等系统中的关键成本字段，Prompt 示例如下。

> 请将下列采购单据中的关键字段提取为结构化表格：
> 原始数据："2024 年 3 月采购 #ZD202403078　供应商：上海 XX 包装　品名：PET 瓶胚
> 数量 120 万只　含税单价 0.38 元　运输费另计 5%"
> 要求字段包括：订单编号、供应商名称、物料名称、数量（单位：万只）、不含税单价、运输费率

2. 多维成本动因建模

结合行业知识库构建动态分析模型，识别非显性成本关联，Prompt 示例如下。

> 分析近半年生产成本波动的原因，重点考虑：
> - 原材料价格波动与 OEE[①] 的关联性
> - 班组人员流动率对废品率的影响系数
> - 电力峰谷差价对注塑工序成本的影响权重
> 输出关键因素排序及量化影响值。

3. 动态预算模拟

基于实时市场数据构建预测模型，支持多场景推演，Prompt 示例如下。

> 假设 Q3 出现以下情况：

---

① OEE：综合设备效率。

```
1) PP 树脂价格上涨 15%
2) 新生产线产能利用率达到 80%
3) 物流合作商切换导致运输成本降低 8%
请生成三种情景下的成本结构对比表，并推荐最优供应链调整方案。
```

实施建议

1. 工具推荐

- 数据整合：用友 U8 cloud 对接 DeepSeek API。
- 可视化分析：帆软 FineBI 搭建动态成本看板。
- 协同平台：钉钉集成智能分析报告推送。

2. 实施流程图

实施流程图如图 5-9 所示。

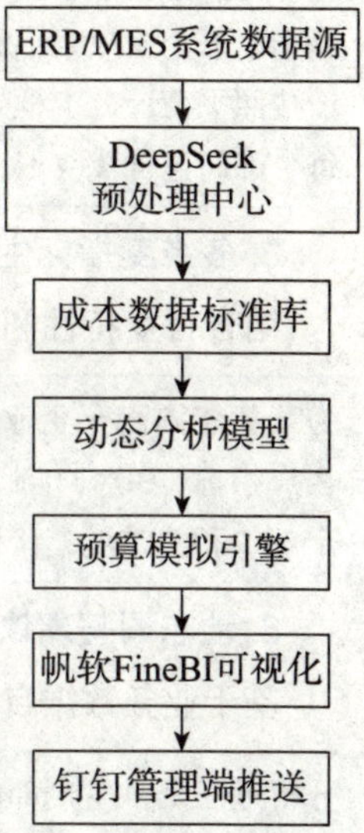

图 5-9

3. 注意事项

- 数据安全方面，建议在私有云部署模型，采购阿里云数据库加密服务。
- 模型训练需包含企业近 3 年历史数据，并定期注入行业价格指数等外部数据。
- 建立人工复核机制，对 AI 输出的非常规结论（如异常成本关联）进行二次验证。

4. 建议每月更新行业参数库，通过预设 Prompt 模板保持分析维度一致性，Prompt 示例如下。

```
按集团成本分析模板 V2.1，本次报告需包含：
- 能耗成本同期对比（分水电燃气）
- 前五大成本波动项归因
- 库存周转率对仓储成本的影响曲线
- 下季度风险预警 TOP3
```

场景 71：绩效指标设计

核心痛点

企业在绩效指标设计过程中常面临四大问题：1）指标与企业战略脱节，部门目标与公司整体方向存在偏差；2）指标设计主观性强，缺乏科学量化依据，导致评估结果公信力不足；3）动态调整机制缺失，市场环境变化时难以及时优化考核体系；4）跨部门指标协调困难，业务链条上的协同性难以通过考核体系有效体现。这些问题直接导致绩效考核流于形式，无法有效驱动业务发展。

DeepSeek 解决方案

1. 战略目标拆解与指标对齐

通过 NLP 技术解析企业战略文档，自动生成部门级 KPI 框架，Prompt 示例如下。

> 基于以下企业战略:「2024 年实现华南市场占有率提升至 25%,客户满意度达到 90 分」,请按照平衡计分卡框架拆解出销售部门、客服部门、生产部门的二级绩效指标，要求每个部门包含 3 ~ 5 个可量化的具体指标，并标注数据采集方式。

2. 多维度指标生成

结合行业特性和岗位特性生成定制化指标库，Prompt 示例如下。

> 为某新能源汽车企业的区域销售经理设计绩效指标，需包含财务指标（权重 40%)、客户指标（30%)、流程指标（20%)、成长指标（10%)，其中客户指标需包含至少 1 个 NPS 相关维度，流程指标需包含数字化工具使用情况评估。

3. 动态调整建议

基于业务数据自动预警指标异常，Prompt 示例如下。

> 分析近三个月生产部门「设备停机率 ≤2%」指标达成情况（附 CSV 数据)，识别异常波动节点，建议调整方案:
> ①是否修改目标值
> ②是否拆分二级指标
> ③是否需要配置 PPK
> 输出调整建议表并说明调整依据。

4. 跨部门指标校准

识别并协调部门间指标冲突，Prompt 示例如下。

> 研发部门「新产品上市速度」指标与质量部门「产品缺陷率」指标存在冲突，请设计 3 种协调方案:
> ①权重调整法
> ②联合考核指标
> ③阶段拆分法

要求每种方案包含指标计算公式示例和配套的激励措施建议。

实施建议

1. 工具推荐

- 指标管理系统：用友 BIP 绩效云、金蝶 s-HR。
- 数据采集：简道云、明道云。
- 协同校准：钉钉 KPI 共编功能、飞书多维表格。
- 可视化分析：百度 SugarBI、帆软 FineBI。

2. 实施流程图

实施流程图如图 5-10 所示。

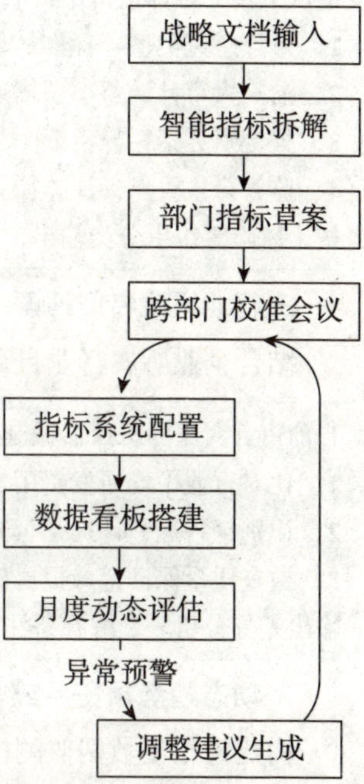

图 5-10

3. 注意事项

- 高层参与：首次校准会议需决策层现场确认战略解码准确性。
- 数据准备：提前整理近 2 年业务数据，建立指标基线值。
- 系统对接：优先选择支持 API 接口的绩效管理系统。
- 风险控制：避免过度量化，保留 20% 定性评估空间。
- 迭代机制：设置季度评估窗口，每次调整幅度不超过 30%。

场景 72：审计报告解读

核心痛点

企业审计报告通常包含大量专业术语、复杂数据和监管要求，非财务人员理解困难。管理层需要快速识别关键风险点和财务异常，但人工解读耗时且容易遗漏细节。审计意见中的保留事项或强调事项常被忽视，导致合规隐患。跨年度数据对比分析效率低下，行业特定风险指标缺乏定制化解读，影响决策时效性。

DeepSeek 解决方案

1. 关键信息智能提取

通过 NLP 技术快速定位核心审计意见和重大调整事项，Prompt 示例如下。

```
请从上传的审计报告中提取以下信息：
1. 审计意见类型（标准 / 保留 / 否定）
2. 前三大审计调整事项描述
3. 关键财务指标异常值（如存货周转率同比下降超过 30%）
4. 监管合规重点标注（如关联交易披露不完整）
按【风险等级】分类输出，用红色标注高风险事项，黄色标注需关注项。
```

2. 行业风险特征匹配

结合企业所属行业自动匹配典型风险模型，Prompt 示例如下。

```
当前审计对象为医疗器械制造企业，请执行：
1. 比对行业平均研发费用资本化率（参考值 5% ~ 8%）
2. 识别销售返利计提是否充足（重点检查条款 3.2 至条款 3.5）
3. 检查质量保证金计提比例与同行业对比
输出差异分析表，并在备注栏添加 NMPA 最新监管要求。
```

3. 动态趋势预警系统

构建跨年度数据监测模型，Prompt 示例如下。

```
基于近三年审计报告数据：
1. 绘制应收账款周转天数趋势折线图（附同比变化率）
2. 标记毛利率波动超过 ±5% 的异常月份
3. 建立存货减值预警模型（当库龄 >180 天且市价下降 15% 时触发警报）
输出可视化看板及 TOP3 风险预警事项。
```

实施建议

1. 工具推荐

- 文档管理：钉钉智能文档（支持 OCR 识别扫描件）。
- 数据可视化：观远数据（BI 看板自动更新）。
- 流程管理：飞书多维表格（任务追踪模板）。
- 安全传输：百度智能云加密 API。

2. 实施流程图

实施流程图如图 5-11 所示。

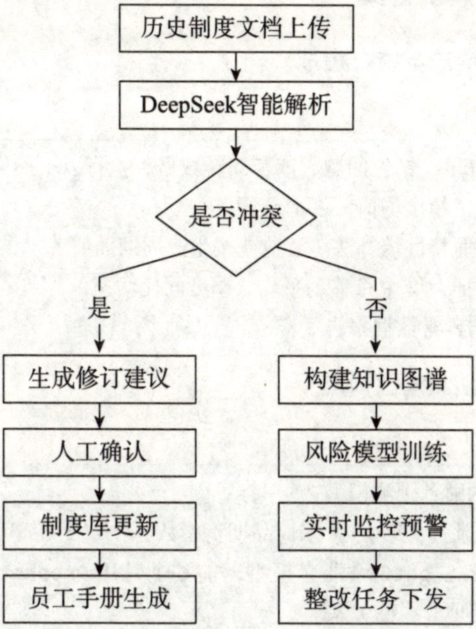

图 5-11

3. 注意事项

- 数据安全：通过私有化部署或腾讯云加密 API 保障审计数据安全。
- 人工复核：关键审计意见需经持证会计师二次确认。
- Prompt 优化：每季度更新行业术语库和监管规则库。
- 权限管理：设置财务总监、风控经理、审计委员会三级查看权限。
- 版本追溯：使用阿里云 OSS 存储历史版本报告及解读记录。

场景 73：财务预测模型

核心痛点

企业在财务预测中常面临三大挑战：1）传统模型依赖历史数据线性推演，难以应对市场突发波动；2）人工处理多源异构数据（如销售记录、供应链信息、宏观经济指标）耗时且易出错；3）动态因素（如汇率波动、政策调整）缺乏实时响应机制。某制造企业曾因未及时预测原材料价格暴涨，导致季度利润偏差达

27%。此外，跨部门数据孤岛导致预测模型输入维度缺失，影响预测颗粒度与可信度。

DeepSeek 解决方案

1. 智能化数据清洗与特征提取

Prompt 示例如下。

请解析近 3 年采购订单、销售回款、库存周转数据，执行以下操作：
1. 识别异常波动点（超出均值 ±3σ 范围）
2. 对缺失值采用行业特性填补法（制造业按生产周期插值）
3. 提取关键时序特征：12 个月移动平均、季度同比增速

输出结构化数据集与异常数据报告。

2. 多变量动态预测模型构建

Prompt 示例如下。

构建集成外部变量的财务预测模型：
输入变量：历史现金流（5 年）、大宗商品期货指数、PMI①、汇率波动率
模型架构：Prophet+LightGBM 混合模型，前 6 个月用 Prophet 捕捉季节性，后 6 个月用 LightGBM 处理非线性关系
验证指标：MAPE② ≤ 8%，$R^2 \geq 0.85$

3. 实时情景模拟与预警

Prompt 示例如下。

当监测到以下情形时自动触发预测更新：
- 人民币兑美元汇率单日波动大于 1.5%
- 钢铁期货价格周涨幅大于 10%

生成三种情景预测（乐观 / 基准 / 悲观），重点标注现金流缺口风险时段。

4. 可视化决策报告生成

Prompt 示例如下。

生成 2024 年 Q3 财务预测报告，包含：
1. 动态趋势图：核心指标 3 年对比曲线
2. 敏感性分析矩阵（原材料成本 ±15% 影响）
3. 行动计划建议：当库存周转率低于 5 次 / 年时，触发供应商议价流程

---

① PMI：采购经理指数。

② MAPE：平均百分比误差。

实施建议

1. 工具推荐

- 数据处理：百度 BML 平台（自动化特征工程模块）。
- 模型训练：腾讯 TI-ONE（支持混合模型部署）。
- 可视化：阿里云 DataV（动态仪表盘搭建）。

2. 实施流程图

实施流程图如图 5-12 所示。

3. 注意事项

- 数据安全：通过私有化部署保障财务数据不出域，采用同盾科技的数据加密方案。
- 模型迭代：建立月度回溯机制，当 MAPE 连续 2 次大于 10% 时触发模型再训练。
- 业务协同：财务部需与采购、销售部门建立数据共享标准操作程序（SOP），确保预测模型输入维度完整。
- 合规审计：引入用友审计云进行预测模型决策路径可解释性验证，满足上市公司披露要求。

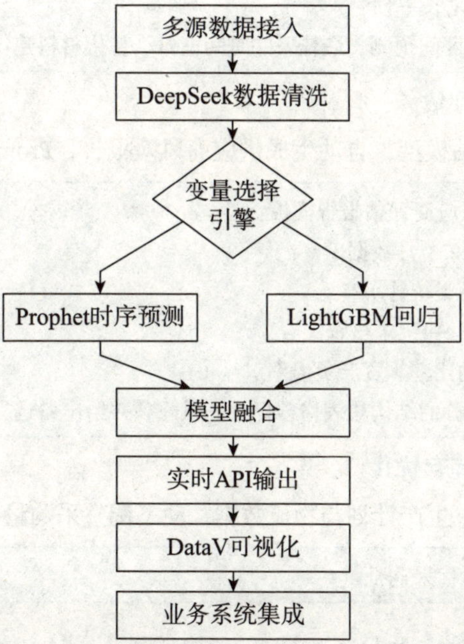

图 5-12

场景 74：采购策略制定

核心痛点

企业在制定采购策略时面临多重挑战：原材料价格波动导致成本控制困难，供应商资质参差不齐引发质量风险，需求预测偏差造成库存积压或短缺，采购合规性审查流程复杂耗时。传统人工分析难以实时追踪市场动态，供应商评估依赖主观经验，跨部门数据孤岛导致决策信息滞后，最终影响供应链稳定性和企业利润率。

DeepSeek 解决方案

1. 市场动态分析与价格预测

通过实时抓取大宗商品价格、汇率波动及行业政策，生成采购时机建议，Prompt 示例如下。

```
请分析 2024 年 Q2 铜材价格趋势，综合以下数据：
1. 伦敦金属交易所 3 个月期货价格曲线
2. 智利铜矿产能变化数据
3. 新能源行业需求增长率预测
输出包含：价格波动区间预测、最佳采购时间窗口、替代材料建议
```

2. 供应商智能评估

构建多维度评估模型，自动生成供应商风险报告，Prompt 示例如下。

```
基于以下维度生成供应商评估报告模板：
- 质量合格率（近 12 个月数据）
- 交货准时率（分品类统计）
- ESG[1] 表现（环保处罚记录核查）
- 财务健康度（流动比率、资产负债率）
要求：输出带权重评分的结构化表格，标注高风险项并给出备选方案
```

3. 需求预测与库存优化

结合销售预测、生产计划与物流数据，动态调整采购量，Prompt 示例如下。

```
根据下列参数计算最优采购批量：
```

① ESG：环境、社会和公司治理。

- 月均需求量：8 500 件（σ=1 200）
- 供应商 MOQ[①]：500 件
- 库存持有成本：12 元 / 件 / 月
- 采购周期：15 ± 3 天
输出包含：安全库存建议、经济订购批量模型、紧急补货触发阈值

4. 合规性自动审查

实时检测采购合同中的法律风险条款，Prompt 示例如下。

审查以下合同条款合规性：
1. 付款条款中的汇率锁定机制
2. 质量争议解决条款
3. 反商业贿赂补充协议
输出要求：标注违反《中华人民共和国民法典》第 599 条的具体内容，并推荐标准条款模板

实施建议

1. 工具推荐

- 数据采集：百度指数（行业趋势）、生意社（大宗商品数据）。
- 系统对接：阿里云 DataWorks（数据中台）、用友 U8 cloud（ERP 集成）。
- 协作平台：钉钉智能采购（审批流程自动化）。

2. 实施流程图

实施流程图如图 5-13 所示。

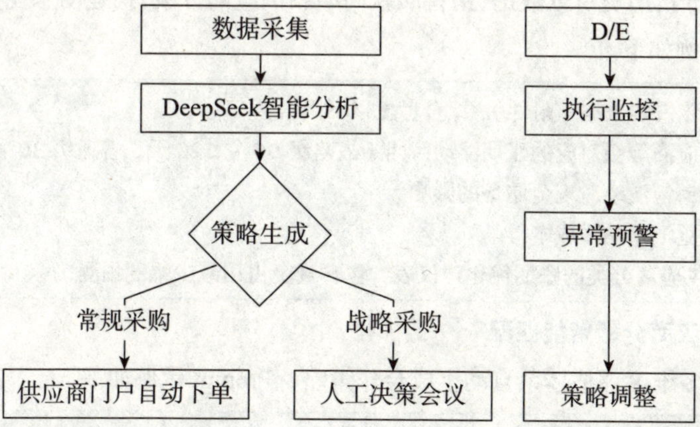

图 5-13

① MOQ：最小订单量。

3. 注意事项

- 数据安全：采购数据需进行字段级加密，通过私有化部署确保商业机密。
- 人工复核：关键决策点保留“人在环路”机制，如 500 万以上采购需双重确认。
- 模型迭代：每月更新价格预测模型参数，季度刷新供应商评估权重。
- 跨系统协同：建立 ERP-MES-WMS 系统数据标准接口，消除信息孤岛。

建议优先在 MRO 物资采购场景试点，通过 3 个月数据积累优化模型后，再拓展至生产性物料采购。实施初期需配置专职的 AI 训练师，每周收集业务部门反馈调整 Prompt 模板。

场景 75：付款政策优化

核心痛点

企业付款政策优化面临三大挑战：1）现金流压力与供应商关系难以平衡，账期设置不合理导致资金周转效率低下或合作纠纷；2）海量交易数据缺乏智能分析，传统人工测算无法实时响应市场变化；3）合规风险管控薄弱，特别是跨国业务中的税务差异、外汇管制等政策适配性差。某机械制造企业曾因账期设置失误导致季度坏账率上升至 8%，同时错失核心供应商的优先供货权。

DeepSeek 解决方案

1. 智能现金流预测模型

通过分析历史付款数据、销售回款周期和供应商分级，构建动态现金流模型，Prompt 示例如下。

```
基于近 3 年采购数据（附件），综合考虑以下因素：
- 不同供应商等级对应的账期浮动区间（战略级 90 ~ 120 天，普通级 30 ~ 60 天）
- 季节性销售波动对现金储备的影响
- 银行承兑汇票贴现成本
输出：按供应商分类的账期优化建议表，包含资金占用减少幅度预测
```

2. 供应商分级智能匹配

建立多维度评估体系自动生成合作策略，Prompt 示例如下。

```
对现有 200 家供应商进行智能分级，评估维度包括：
1. 供货稳定性（近 12 个月订单履约率）
```

```
2. 物料不可替代性评分（0 ~ 10分）
3. 历史议价空间（报价浮动率）
输出：分级清单及对应付款政策建议
例如：
战略级供应商→账期延长 + 付款违约金减免
可替代供应商→缩短账期 + 阶梯式现金折扣
```

3. 跨境合规实时校验

动态监控全球 20 多个国家的财税政策，Prompt 示例如下。

```
当前业务涉及国家：中国、越南、德国
请校验以下付款条款合规性：
- 越南增值税预缴规则（进口环节）
- 欧元区反洗钱法规最新修订条款
- 中国国家外汇管理局跨境支付备案要求
输出：风险提示清单及条款修改建议
```

实施建议

1. 工具推荐

- 数据整合：用友 U8 cloud（ERP 数据对接）。
- 政策监控：合合信息启信宝（全球商事数据）。
- 合同管理：法大大智能合约平台。

2. 实施流程图

实施流程图如图 5-14 所示。

3. 注意事项

- 数据治理：需预先清洗近 3 年完整应付账款数据，特别注意退货冲销等异常记录。
- 供应商沟通：政策调整前应通过钉钉智能外呼系统进行前置沟通。
- 法律复核：所有 AI 生成条款必须经金杜律师事务所 E 审通平台校验。
- 迭代机制：建议每月通过 DeepSeek 分析政策执行效果，重点关注实际账期与计划偏差率、供应商投诉热点分析、跨境支付异常事件统计。

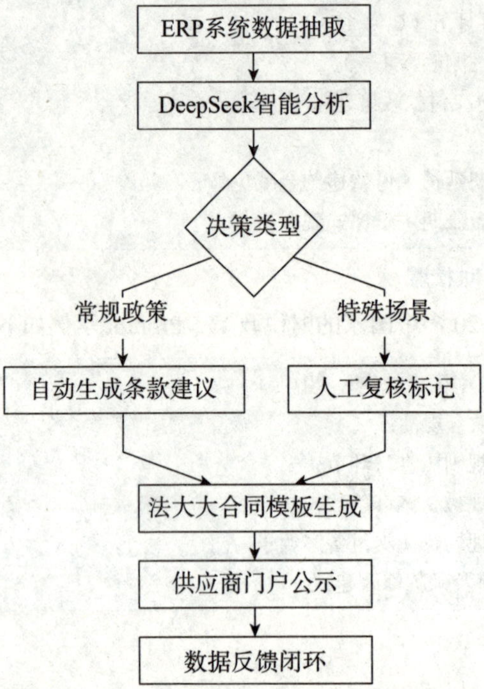

图 5–14

场景 76：财务分析报告

核心痛点

企业财务分析报告存在数据处理效率低、人工分析误差率高、动态预测能力弱三大核心问题。传统模式下，财务人员需耗费 70% 时间处理多源数据清洗和基础核算，常因手工操作导致数据错漏；指标分析依赖个人经验，难以快速识别异常波动原因；现金流预测多采用静态模型，无法实时响应市场变化。某制造业企业月度财务分析耗时超 120 小时，仍存在 20% 的关键指标解释不充分问题。

DeepSeek 解决方案

1. 自动化数据清洗与整合

Prompt 示例如下。

> 请将以下原始数据转换为标准财务格式：
> 1. 识别并修正异常数值（如负数的库存量）

```
2. 统一货币单位为人民币（原始数据含 USD、HKD）
3. 按 < 客户名称 >< 产品线 >< 月份 > 三维度聚合应收账款
输入数据格式：[{ “client”：“A Co.”，“product”：“X”，“currency”：“USD”，“amount”：5000，“month”：“2023-08” }…]
输出要求：CSV 格式带数据校验说明
```

2. 智能财务指标诊断

Prompt 示例如下。

```
请分析近 6 个月财务报表：
1. 计算营运资金周转率、现金转换周期等 10 项核心指标
2. 标注同比变化超过 15% 的异常指标
3. 结合行业基准值（零售业 TOP10 均值）生成诊断建议
特别关注：应收账款周转天数突然增加 20 天的潜在原因
```

3. 动态现金流预测

Prompt 示例如下。

```
基于以下要素构建 12 个月现金流预测模型：
- 历史数据：过去 24 个月收支明细（附件）
- 变量参数：新签 2 亿元订单（分季度交付）、供应商账期从 30 天调整为 45 天
- 风险场景：模拟原材料价格上涨 10% 的影响
输出要求：概率分布图 + 关键节点预警提示
```

4. 可视化报告自动生成

Prompt 示例如下。

```
按集团模板生成 Q3 财务分析报告：
1. 插入动态可交互的损益表趋势图
2. 重点指标添加 Drill-down 功能
3. 生成 5 条管理层决策建议（基于存货周转率下降事实）
格式要求：中文 Word+PPT 版，符合上市公司披露规范
```

实施建议

1. 工具推荐

数据清洗阶段搭配用友 U8 cloud 财务系统，预测模型对接帆软 FineReport，可视化使用百度 Sugar BI，最终报告通过 WPS 云文档协作完成。建立财务指标知识库时，建议使用明源云 ERP 系统内置的行业基准数据集。

2. 实施流程图

实施流程图如图 5-15 所示。

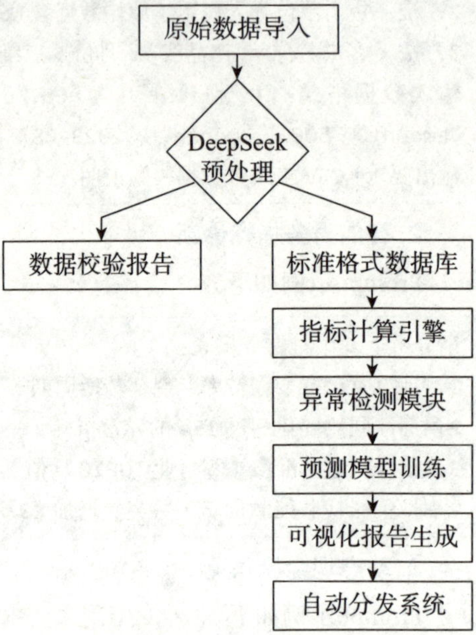

图 5-15

3. 注意事项

- 数据安全方面：建议在私有化部署环境中运行，通过奇安信网神设置 API 调用权限。
- 模型迭代周期：初始每月校准 1 次预测模型，稳定后改为季度更新。
- 跨部门协作：设置财务业务伙伴（BP）角色对接业务数据源验证。
- 合规性审查：关键报告输出前需通过用友审计模块进行钩稽关系校验。

场景 77：效率提升方案

核心痛点

企业在日常运营中普遍面临流程冗余、信息处理效率低下等问题。员工大量时间耗费在会议纪要整理、邮件撰写、数据统计等重复性工作，人工处理易出现关键信息遗漏或格式错误。跨部门协作时存在信息同步滞后，项目进度跟踪依赖手工更新，导致决策延迟和资源浪费。传统 OA 系统难以应对非结构化数据处理需求，智能化工具应用不足制约整体效率提升。

DeepSeek 解决方案

1. 会议纪要自动化处理

通过语音转文字和智能摘要生成技术，实现会议内容自动结构化处理，Prompt 示例如下。

输入会议录音文件路径，输出结构化纪要。
请将录音文件（附件）转换为文字稿，按“议题 - 结论 - 责任人”格式整理。提取 3

个核心决策点，用表格展示行动项（包含任务描述、负责人、截止时间）。

2. 智能邮件助手

基于上下文理解自动生成专业邮件内容，支持多语言转换，Prompt示例如下。

输入邮件核心信息，生成完整邮件。
请用中英双语撰写催款邮件，包含以下要素：
- 欠款金额：¥126 500
- 逾期天数：45 天
- 付款账户信息
- 限期 3 个工作日内支付
语气保持专业但强硬，附上对账明细表下载链接。

3. 数据智能分析

自动处理非结构化业务数据生成可视化报告，Prompt 示例如下。

输入原始销售数据，输出分析报告
请分析附件中的数据：
1. 按区域 / 产品线统计销售额环比增长率
2. 识别 TOP3 滞销品及其库存周转天数
3. 预测下季度需重点投入的推广渠道
结果用柱状图 + 折线图组合呈现，标注关键结论。

4. 跨部门协同优化

自动跟踪项目进度并生成协同方案，Prompt 示例如下。

输入各部门进度数据，输出协同建议。
根据研发部（完成模块开发 75%）、测试部（案例设计完成）、市场部（素材准备 60%）的当前进度：
1. 识别可能存在的进度冲突点
2. 建议 3 项跨部门协作优化措施
3. 生成下周协同会议议程框架

实施建议

1. 工具推荐

- 硬件：科大讯飞智能录音笔 SR702（支持 8 国语种转写）。
- 系统集成：钉钉 / 企业微信接入 DeepSeek API。
- 数据管理：用友 BIP/ 飞书多维表格进行结构化存储。

• 流程可视化：ProcessOn 绘制智能处理流程图。

2. 实施流程图

实施流程图如图 5-16 所示。

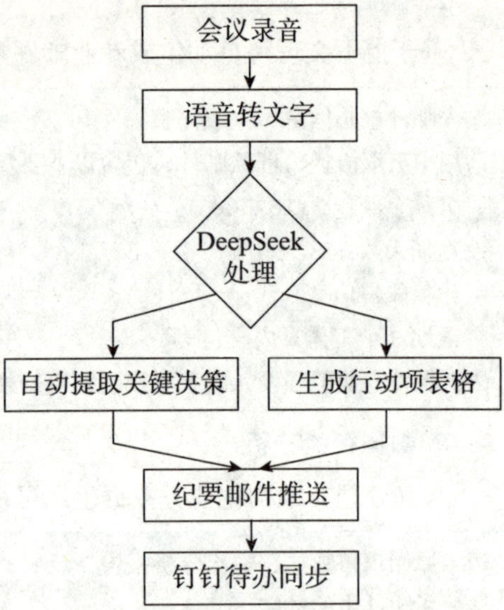

图 5-16

3. 注意事项

• 数据安全：通过私有化部署确保语音 / 文件数据本地化存储。
• 人员培训：开展“AI 助手 + 业务流程”融合专项培训。
• 流程优化：建议设置人工复核节点（关键决策 / 对外文件）。
• 效果评估：建立 ROI 评估模型，监控耗时任务处理效率提升比。
• 系统对接：优先集成企业现有 ERP/CRM 系统，避免数据孤岛。

企业应分阶段推进实施，首期选择 2 ~ 3 个高频场景试点，通过 API 调用量监控和用户反馈持续优化 Prompt 模板，逐步构建企业专属的智能效率提升体系。

场景 78：成本核算体系

核心痛点

制造企业在多产品线、多工序生产模式下，传统成本核算依赖人工统计和 Excel 处理，效率低且错误率高。原材料价格波动、设备折旧分摊、人工工时统计等数据分散在 ERP、MES 等系统中，难以实时整合。财务部门每月需耗费 10 ~ 15 天完成成本归集，导致管理层无法及时获取精准的边际贡献率和产品盈利能力数据，影响定价策略和生产计划调整。某家电企业曾因成本分摊误差导致高端产品线实际毛利率被低估 12%，错误淘汰了高价值产品。

DeepSeek 解决方案

通过 AI 构建智能成本核算中枢，实现数据自动抓取、智能分摊和动态模拟。

1. 成本动因智能识别与归集

自动解析物料清单（BOM）和工艺路线，识别直接材料、人工、制造费用的动因关系。例如针对注塑工序的能耗成本，通过设备运行数据与产量关联实现动态分摊，Prompt 示例如下。

```
你现在的角色是成本核算专家，请根据以下数据生成注塑工序的能耗分摊方案：
1. 本月注塑机总耗电 58 200 度，电费单价 0.8 元 / 度
2. 产品 A 产量 12 000 件，标准耗能系数 0.35 度 / 件
3. 产品 B 产量 8 000 件，标准耗能系数 0.42 度 / 件
要求：
1. 计算各产品应分摊电费金额
2. 输出验证公式确保总金额等于 46 560 元
按表格形式呈现结果，保留两位小数。
```

2. 工序级成本穿透分析

对接 MES 实时数据，建立工序维度成本看板。某机械加工企业通过以下 Prompt 发现精加工环节的刀具损耗异常。

```
分析 2024 年 5 月各工序成本构成异常点：
[ 输入数据 ]
工序 | 标准成本 | 实际成本 | 产量
车削   | 18.5 元 / 件 | 19.2 元 / 件 | 15 000
精加工 | 24.0 元 / 件 | 27.3 元 / 件 | 12 500
组装   | 12.8 元 / 件 | 12.5 元 / 件 | 15 000
重点关注：
- 成本偏差率 >5% 的工序
- 结合设备 OEE 数据定位原因
输出分析结论和改进建议。
```

3. 动态成本预测模型

集成市场数据构建预测模型，某 PCB[①] 企业使用以下 Prompt 应对铜价波动。

```
作为成本预测模型，请基于以下参数生成 Q3 成本敏感性分析：
```

① PCB：印制电路板。

基础参数：
1. 当前铜价 68 500 元 / 吨，季度采购量 150 吨
2. 历史价格波动标准差 ±8%
3. 产品铜用量 0.35 千克每平方米
要求输出：
1. 铜价上涨 10% 对单位成本的影响
2. 保本点对应的产品价格调整幅度
3. 建议的安全库存策略
用蒙特卡洛模拟展示三种情景下的成本分布。

实施建议

1. 工具推荐

- 数据整合：用友 U8 cloud（供应链模块）。
- 规则引擎：金蝶云星辰（智能会计平台）。
- 可视化：帆软 FineBI（制造业成本主题模板）。
- 计算引擎：阿里云 MaxCompute（处理亿级工序数据）。

2. 实施流程图

实施流程图如图 5-17 所示。

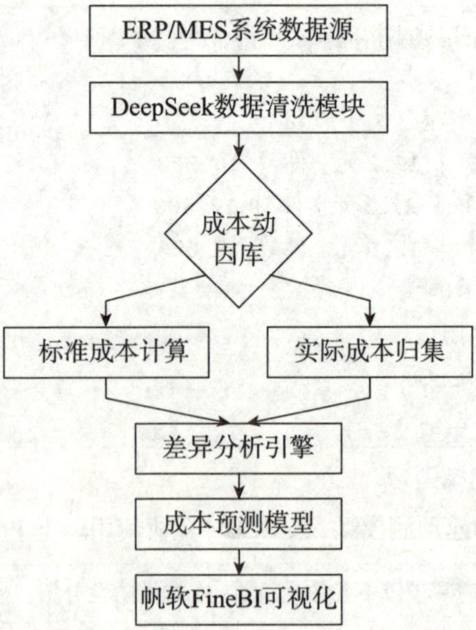

图 5-17

3. 注意事项

- 数据治理：建立物料编码、工序代码的统一标准，某汽配企业实施前清洗了 87 万条历史数据。
- 业财融合：组建由生产、财务、IT 组成的联合小组，每月召开成本闭环会议。
- 模型迭代：设置 10% 的预测偏差预警阈值，季度更新价格波动参数。
- 权限控制：按车间、产品线设置数据访问权限，符合上市公司的内控要求

建议从注塑 / 机加工等典型工序试点，3 个月内可完成基础模型搭建，投资回报期通常在 12 ~ 18 个月。某电子企业实施后成本核算周期从 14 天缩短至 3 天，异常成本定位效率提升 6 倍。

场景 79：预算执行监控

核心痛点

企业预算执行监控普遍存在三大难题：一是人工处理海量财务数据效率低下，跨系统数据整合困难，月度分析报告制作耗时 3 ~ 5 个工作日；二是预算偏差识别滞后，传统方法需人工核对上百个科目，异常发现往往延迟 7 ~ 10 天；三是跨部门协同效率低，业务部门对预算调整建议响应迟缓，邮件沟通平均需 3 轮以上确认。某制造企业案例显示，2022 年因预算超支未及时预警导致间接成本增加 17%。

DeepSeek 解决方案

1. 自动化数据归集与清洗

对接 ERP/ 财务系统实时获取结构化数据，自动清洗异常值并生成多维度分析报告，Prompt 示例如下。

```
作为财务分析 AI，请处理 2023 年 Q3 市场部预算执行数据：
1. 读取附件 Excel 表格中 5 个表的原始数据
2. 识别异常支出（超过预算 20% 且金额 >5 万元）
3. 生成分项目执行率对比雷达图
4. 输出 TOP3 费用超支原因推测
要求：数据保留两位小数，图表用中文标签
```

2. 智能偏差预警与根因分析

搭建动态监控模型，当部门费用执行率超过阈值时自动触发预警，Prompt

示例如下。

```
当前生产部门设备采购预算执行率已达 92%（预算 800 万 / 已用 735 万），请：
1. 对比近三月采购订单明细
2. 识别异常采购项（单价波动大于 15% 或供应商集中度变化）
3. 关联库存周转率数据验证采购合理性
4. 生成风险评估报告（含改进建议）
输出格式：Markdown 表格 + 决策树图
```

3. 智能协同决策支持

自动生成多版本调整方案并推动部门协同，Prompt 示例如下。

```
基于研发中心 Q4 预算缺口 120 万元，请：
1. 生成 3 套调整方案（人员优化 / 项目延期 / 费用压缩）
2. 预测各方案对项目进度的影响（按月维度）
3. 起草部门协调会议通知（含方案对比表）
4. 创建待确认事项清单（需 3 个部门负责人签字）
要求：方案包含财务影响测算和风险评级
```

实施建议

1. 工具推荐

- 数据中台：用友 NC cloud（预算模块）。
- 流程引擎：钉钉宜搭（审批流配置）
- BI 工具：帆软 FineBI（可视化看板）
- 安全网关：阿里云 API 网关（系统对接）。

2. 实施流程图

实施流程图如图 5-18 所示。

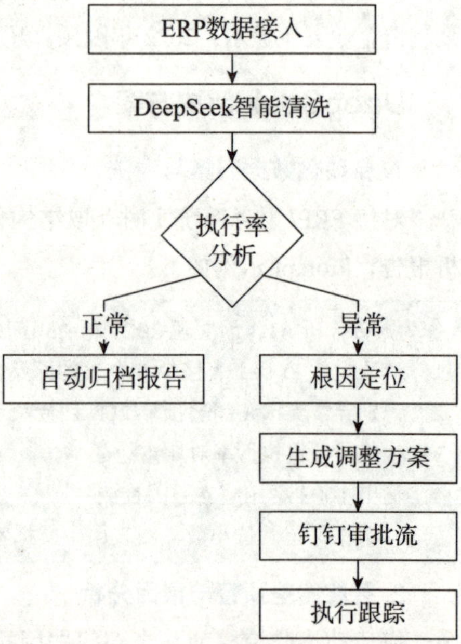

图 5-18

3. 注意事项

- 数据安全：部署私有化大模型时需通过等保三级认证。
- 权限管理：按部门设置数据访问层级（如成本会计仅见本事业

部数据)。

- 模型微调：收集 6 个月历史审批数据优化建议生成逻辑。
- 变更管理：设置 10% 以内的预算弹性调剂自主权，超权限自动升级审批。
- 效果验证：建立双周复盘机制，对比 AI 预警与人工发现时效率差。

场景 80：财务战略规划

核心痛点

企业在财务战略规划中普遍面临数据分散、决策滞后和风险预判不足的问题。典型场景包括：多系统财务数据（如 ERP 系统、CRM 系统、供应链）整合效率低下；市场波动、政策调整等外部变量难以及时量化分析；人工编制战略报告耗时且缺乏动态调整能力。某中型制造企业案例显示，其年度财务规划需耗费 2 个月整合数据，且突发原材料涨价导致原方案失效，造成 300 万元预算偏差。传统分析工具难以实现实时数据联动和智能推演，导致战略决策与业务执行存在脱节。

DeepSeek 解决方案

1. 智能数据整合与趋势分析

通过自然语言指令快速整合多源异构数据，生成可视化分析报告，Prompt 示例如下。

```
请分析近 3 年销售数据、供应链成本及行业研报，输出包含以下内容的战略分析简报：
1. 核心财务指标趋势（毛利率、现金流周转率）
2. 成本结构异常波动点（标注时间节点和变化幅度）
3. 行业对标分析（TOP3 竞品研发投入占比对比）
要求：使用折线图展示趋势，异常点用红色标注，附应对建议框架
```

2. 动态情景模拟推演

构建多维度战略推演模型，量化不同决策路径的影响，Prompt 示例如下。

```
模拟 2024 年两种战略方案对净利润的影响：
方案 A：研发投入增加 15%，市场推广预算削减 10%
方案 B：东南亚新设工厂，固定资产增加 2 000 万元
输入变量：原材料价格波动区间（±8%）、汇率变化（6.7 ~ 7.2）
输出要求：蒙特卡洛模拟结果，展示 80% 置信区间内的净利润分布
```

3. 实时风险预警与预案生成

建立动态监控机制自动触发预警，Prompt 示例如下。

```
监控以下财务风险指标，发现异常立即预警并生成应对方案：
- 应收账款周转天数 >45 天
- 现金流安全垫 <60 天运营成本
- 单一客户营收占比超过 30%
预警模板应包含：异常指标说明、影响评估（分高 / 中 / 低）、3 条具体应对措施
```

4. 自动化战略文档生成

根据分析结果输出结构化战略文档，Prompt 示例如下。

```
基于最新分析数据生成 2025 年财务战略规划草案，包括：
1. 战略目标（分保底、基准、挑战三级）
2. 资源分配方案（附投资回报率预测）
3. 风险控制矩阵（可能性 - 影响度双维度评估）
4. 执行里程碑（季度分解 KPI）
要求：关键数据用表格呈现，重要结论加粗显示
```

实施建议

1. 工具推荐

- 数据整合：帆软 FineBI+ 用友 NC 系统接口。
- 模拟推演：百度 PaddlePaddle 深度学习框架。
- 流程管理：钉钉宜搭搭建审批流。
- 文档协作：飞书多维表格 +WPS 云文档。

2. 实施流程图

实施流程图如图 5-19 所示。

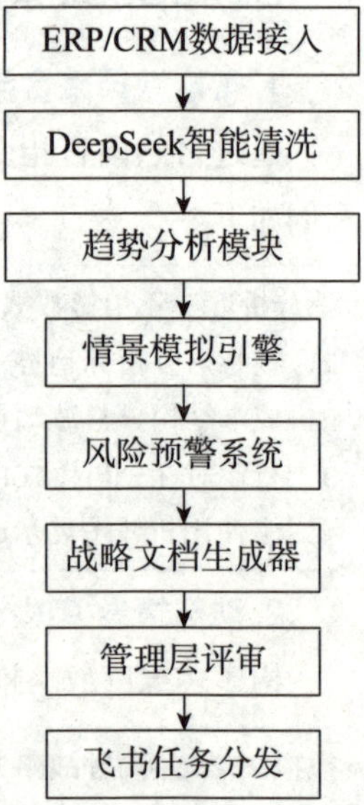

图 5-19

3. 注意事项

- 数据安全：通过私有化部署确保财务数据不出域，建议采用华为云金融专区。
- 模型迭代：每月更新行业参数库，通过模拟 2020—2023 年历史数据验证模型准确率。
- 人机协同：设置财务总监复核节点，关键决策保留人工修正权限。
- 合规审查：战略文档需通过启信宝进行政策合规性校验，重点检测税收优惠条款适用性。

结语

与 AI 深度融合

随着本书对 DeepSeek 在企业管理、市场营销、销售客服以及财务运营等领域多个应用场景的详细探讨，相信您已经对 AI 赋能业务有了更清晰的认识。然而，这仅仅是开始。

有人可能会质疑这些场景过于理想化，难以落地。但事实是，当下已有众多企业和个人正在将 AI 工具深度整合进日常工作流程,并收获显著的效率提升。DeepSeek 作为一个强大的思维助手，正在帮助使用者突破认知边界，加速决策流程，优化工作方法。

真正的价值不在于工具本身，而在于如何创造性地将其应用到具体场景中。每个行业、每个岗位都有其独特的痛点和需求，都蕴含着 AI 应用的无限可能。期待在不久的将来看到更多创新实践在各个领域开花结果。

如果您在实际工作中遇到了特定难题，或是对某些场景的 AI 应用有独特见解，欢迎深入交流。或许我们能碰撞出新的火花，开拓出更多创新思路。您可以通过以下方式找到我 (微信 : iamsujiang)。

期待与各位读者交流探讨，分享智慧，共同成长。